D&DEPARTMENT
開店術：
開間
傳遞想法的
二手商店

讓客人先學習、
理解，才購買。
然後愛用一輩子。

長岡賢明 ——著　郭台晏、王淑儀 ——譯

目次

序言

隨著「設計公寓」、「設計家電」等詞彙的消逝，取而代之的新關鍵字是「製作者」。這種變化發生的背景，來自世人對於物品誕生過程所發生深具意義的故事，以及製作者費時費心實踐的理念，開始產生強烈的關心。我從18歲到35歲間，在設計師的工作上全力衝刺；年近40時，對於當時的「設計」，心中浮現疑問，為了確認何謂「正確的設計」，開設了「D&DEPARTMENT PROJECT」。店裡陳設「正確的設計」，挑選基準為「永續設計」（Long Life Design），也就是說，我認為要歷經時間證明、長久留存的設計才是「正確的」，所以只以定價、不打折的方式，販售上市超過20年的生活用品。於是，大多數來店的人都會問起：「這種店怎麼有辦法做生意呢？」

我們常將店關了去採訪工廠，或是在公休日邀請特別來賓跟客人一起開讀書會，甚至有時會在營業時間辦活動，餐廳因而關門不做生意。這麼做會減少現金的進帳，卻吸引更多客人聚集。

景氣越低迷，人們就越不買東西，對物品產生的欲望本質也開始有所不同。也就是說，大家想「好好地」買東西，因此開始在購買中尋求學習、成長，希望與店員、製作者，甚或其他消費者能有交流。把這樣的交流置換成當今常見的詞彙，就是所謂的「社群」。

（在日文中）「社群經營」多是指接受國家或地方行政機關的補助，舉辦促進人際關係或振興地方發展的活動。只是把「社群」的概念帶入消費現場，商品放再久也賣不出去，光是照顧客人就已需要很多的時間跟心力，根本無暇顧及銷售。然而，我們卻能讓客人在彼此確實的對話之後想購買我們的商品。也就是說，在這個時代，想要真正優質生活用品的消費者，對於「社群」這項要素抱有強烈的需求。

今後，如同聚會場所的店家將陸續誕生，販賣商品的場所搖身一變成為社群交流的空間，最終結果才是消費行為的成立。店家所經手的商品以及客人的關心會漸漸趨向

「真正的好東西」，而販賣場所也將加速朝「社群化」演進。

我們以永續設計為主題，開店制定價格、銷售商品的同時，也將製作者的理念傳遞給消費者，至今已14年。本書是在整理思考今後店舖及社群空間的發展走向等想法為目的而寫。在物質泛濫的現代以及未來，希望本書能成為促使各位重新思考販賣場所應有樣貌的契機。

長岡賢明

第一部
長岡賢明所構思的「傳遞想法的店」——D&DEPARTMENT

觀察二手商店，發現中古貨大多是所謂的設計師款，我不禁心想，難道設計只為了被消費嗎？

那大約發生在1998年前後。全日本，尤其在東京，二手商店數量激增。原因端看觀察者如何解讀。我站在設計師的立場去思考後，認為是因為「生產過量」、「商品推陳出新的速度異常迅速」，以及「想要新商品，因此對於舊物，希望用『丟棄』以外的好聽字眼，讓它順利從房子裡消失」。我感受到人們對於物品的看法越來越奇怪。過去我們會好好珍惜物品，長久使用，壞了會修理，讓它能夠傳給下一代，如今這樣的想法漸漸消失。在我看來，這不只是製作者，連銷售者的心態也出了問題。既然製作者為求生存，一時之間也無法要求他們立刻改變這樣的狀態，那就應該由銷售者與製作者徹底溝通商品應有的生產方式及速度，並懷著銷售者應有的自覺來面對消費者。另一方面，銷售者也應該深入與消費者交談，一起討論怎麼樣的生活用品有助於建構出健全的生活，不急著推銷，而是耐心等待消費者購買；親身造訪製作者的工作現場，了解「啊！原來這件商品是這麼花時間、花心力製造出來的，使用時一定要更加珍惜」。並且把這種感受深深刻印在心上。簡單來說，既然店家是消費者與製作者的交集處，居中的銷售人員更應該清楚理解雙方的狀況才對。

因此，我想到，第一步該做的是創立一間日本最棒的二手商店，以「正確的設計與否」來作為評斷商品價值以及收購舊貨的準則。我希望打造出一間店，或是說一個場所，可以讓創造新商品的設計師覺得：「有那樣的二手商店真好、我想做出讓那間店也願意收購的商品。」是一間價格有所本、有主張的二手商店。

我一邊主持著自己的設計公司，也趁週末開始逛起公司附近的二手商店。身為一名設計師，原本就經常四處逛逛、發現新商品，但現在則是對於商品的墳墓，或者該說是作為最終收購商品之場所的二手商店產生興趣。

二手商店大致可分為三類。第一種，是店內開著冷／暖氣，有著舒適購物空間，為一般人開的二手商店。這是最近流行的型態，以逐漸能接受中古貨的消費者為對象而展開的商業模式。第二種，不要說冷暖氣，甚至連照明設備都沒有的資源回收店，也算是二手商店，可說是前述第一種二手商店的原型，它對於過去，普遍不把中古貨放在眼裡的全體日本人而言，是個幽微陰暗的地方，只為了無力購買全新商品的人而存在。最後，第三種，是專門收購營業器具的二手商店，而這個類型的店家，最近也開始對一般消費者敞開大門了。

在逛這些所謂「設計的墳場」時，如果發現還具有設計價值，或是加點巧思就可以拿來當作家具使用的營業器具，我就會花點小錢買下，塞進我車子小小的後車廂，載回辦公室放在一間已不用的浴室裡，這樣的情形還不少。每到假日，我就在辦公室的廚房，為它們簡單擦洗，或清除鐵鏽、整理修復，那是我當時的一大休閒活動。於是，小小的浴室被不斷增加的中古貨塞滿。看到這幅景象，我開始心想，如果能有一間我想像中的店應該會很有趣。

終於，辦公室的浴室開始放不下，接著我自己的座位也滿了，東西漸漸漫溢到走廊上，我考慮要將住處搬到公司附近，把東西都集中放到新家。我雖然想開店，但突然說開就開，也太缺乏經驗，只是想至少先試著模擬，讓它看起來有間店的樣子。

於是我租了一間距離辦公室騎腳踏車約十分鐘路程，位於三田的一間寬敞公寓，自

F.O.B COOP

己也搬進去住。與其說是搬家，其實這裡比較像是未來開店用的倉庫，是一間具實驗性質，由我自己構想，有點奇特的複合式店舖（Select Shop）。這樣一個新地點，一下子就被我收購回來的中古貨塞滿了。基於實驗心理，我試著把其中七件商品放到網站上。

那時是1999年，我的設計公司才剛開始接到網站設計這個新領域的案子。我決定嘗試在網路上販售二手商品，開始自己架設網路商店，才剛放上商品訊息，東西瞬間就賣掉了。於是我又把其他二手商品從三田的住處搬到辦公室，簡單拍照，並撰寫商品說明上傳到網路上。確認收到客人款項後仔細綑包，附上一封信寄出。這些事與我一直以來所從事的設計工作有非常大的差異，但我就這樣，開始每天利用空檔來處理。

Drawing and Manual——「畫藍圖」，這是我設計公司的名字，有常保新鮮以及發現看待事物的新視角之意，在公司名字後面加上「and」，取其開頭英文字母，便成了網路商店的名字「D&MA」。因為有越來越多客人會說：「我人就在附近，想自己去取貨」，或是「想看看其他庫存品」，應客人要求，我開始在週末把自己家當作店面，開放客人入內參觀。

剛開始，每個週末只有一組客人上門，但之後人數越來越多，過了三個月，週末一天會有三十位左右的客人上門，稍微有間店的樣子。因為需要補貨，我又買了一台二手廂型車，也開始思考簡單的事業發展計畫。

透過與客人對話，我清楚感受到客人的反應，知道若真的要開店，必須再進一步釐清整間店的發展方向。會這麼想，也是源自我長年在設計公司的工作，累積了對品牌經營的想法。要成為一間「有趣的二手商店」，勢必得與其他二手商店競爭。但我真正想做的，並非與人競爭，而是希望大家一旦買了東西就不要輕易丟棄；希望透過自己的店，可以與大家分享，我們應該以愛惜之心對待物品，並了解禁得起長久使用的物品其價值所在。此外，如果有一間像家用品大賣場那樣讓人可以輕鬆購物的店，它本身又是有品味有主張，也就能提升整體日本人的生活品味。為了創造一個蘊含這些想法的場所，我把這間店的經營概念訂為「永續設計」。

店名的部分，我認為若直接延用「D&MA」，符號感太強，且給人的感覺過於專業。我得再想一個店名，既可以傳達出這間店的理念，又能讓人對店鋪型態有初步想像。循舊時傳統的百貨商店模式，在一個有利銷售的地點，將身處偏遠深山中，辛勤的製作者及其所生產的優質商品介紹給更多人。最後，我以具有這樣主張的賣場為理

MEDIA BAND LIVE

想，命名為「D&DEPARTMENT PROJECT」（以傳達設計與主張的百貨商店為目標，將所有過程對外公開的開店練習計畫）。釐清這些想法後，讓我更強烈意識到自己的社會責任，並以「正路面」為條件，開始尋找店面。

最初我腦海中想像的是一間憑著我身為設計師的品味，滿是自己喜好選品的店。然而仔細思考後，我再次體認到自己真正想做的，是處理設計與社會之間，以及商品被生產出來之後面臨的問題。我平時的工作，就是先整理出一家企業的特質，再轉化成具體形象的平面設計，因此在這裡我想暫時停止腳步，重新確認自己的想法是否已經整頓好，於是我不再在意自身的個性特色是否能夠彰顯，而是想讓這家店成為一個有辦法處理社會問題的地方。

2000年春天，我終於開始尋找店面。因為這家店概念是「百貨商店」，於是我一開始看的都是簡單好找、交通方便的地方，接著我把範圍縮小到山手線澀谷站與惠比壽站之間，最後找到一個170坪左右、非常棒的物件。然而，這個地點禁止經營餐飲業。我一開始就打算結合商品販賣與咖啡廳，但因為這個物件實在太吸引人，於是我打算放棄賣咖啡，一心希望趕快把D&DEPARTMENT PROJECT（以下簡稱D&D）招牌高掛起來。

然而，這點不足在我心中留下小小的疙瘩。讓我在意的是「簡單好找、交通方便的地點」以及「不能設置咖啡區」這兩點，其實也就等同於我心中對「設計」無法視而不見的地方。這裡所說的設計，是指創造流行，被大量消費，同時也創造出一堆垃圾的設計；築起專業的高牆故步自封，得不到一般大眾的理解認同就說「你們不懂」，這種迫人接受的感覺，就是我對「設計」的印象，也是我認為的問題所在。「簡單好找、交通方便的地點」這點與大量生產的形象重疊，而「沒有附設咖啡區」則帶有堅守專業，不直接面對一般消費大眾的意味。

這樣的想法殘留在我心底，有天半夜我開著車，在穿過世田谷區的環狀八號線上馳騁經過東京市郊一帶時，偶然發現今日東京店所在的那個店面。隔天，我趕緊找房仲公司安排看屋。這棟房子有地下１００坪、一樓２００坪、三樓２００坪，總計５００坪的寬敞空間。當時我的設計公司辦公室大約40坪，位在三田的倉庫兼住家也一樣是40坪，而候選第一名、位於惠比壽的物件則是１７０坪。這足以當作體育館來使用的程度，遠遠超出我以往接觸過的空間。靠馬路且能設咖啡區，更重要的是非常寬敞，我還能把設計公司移到同一處。這些優點讓「地段不佳」的問題變得微不足道。

明明是間「百貨商店」，卻位於一個地段不佳的地點。老實說現在回想起來，我那時應該沒有深入思考（現在會因為希望客人特地前來，反倒會刻意選擇在地段不佳之處設點）。當時我心中只想到：「我要開一間傳統的百貨商店也具備的條件——『有主張的店』。只要有自己的想法，不管開在什麼地方客人都會願意上門。只要能把自己的理念傳達給客人，客人也會帶著自己的想法來到店裡。」就這樣，我貸了6000萬日圓的鉅款租下店面，D&D正式起跑。

2000年，D&D開張。現在回想起來，那時我們乍看之下其實跟一般二手商店沒兩樣。進貨價便宜到根本不用跟新品比較的中古貨馬上就擠滿了店裡寬敞的空間。然而，店內陳列的品項帶有設計師特殊的品味，這點是與一般的二手商店最大的差異，因此吸引不到原本會逛二手商店的客人。說穿了，是完全沒有客人。這件事現在我已經能當成笑話來講，但當時我壓根不懂為什麼客人不上門。沒多久，我就注意到最基本的原因在於「客人不知道，當然不會來」。對自己來說這個地點並不差，但其實極為難找。於是，我們重新擬定開幕通知的內容。

我就這樣一頭栽進店舖的籌備工作，平日幾乎每天都睡在賣場裡。剛進貨的玻璃杯，需要一個一個徹底清洗，並在最後上架之前，用它們裝水親口試喝。很多食器其實都有很好的設計，卻只因為有點髒了就被丟棄。我們一邊動手清洗，也確認到：「這些食器其實都沒有問題」。於是我們在這些因為不知道如何使用而被丟棄的物品上下了點工夫，在不花錢的情況下運用我們的設計感將它們於店內陳列，或是示範擺設、使用它們的方法。

轉眼間D&D開店已經過了3個月，這段期間沒有客人上門，咖啡區裡也空蕩蕩，工作人員甚至開始在咖啡桌上玩起大富翁、下雪時打雪仗。

後來因為雜誌的介紹，某天終於來了第一批、共四位的客人。那天雖然也只有這四位客人出現，但因為他們是與我非親非故、完全不認識的人，這樣的相遇、這樣的現實讓我大受感動。我想一定是因為在這之前經歷了3個月完全沒有客人的時期的關係吧。

設計師總以為只要設計帶有「很酷的概念」，就可以造成一窩蜂搶購，在我內心深處也曾經這樣想過，如今我才體會到，現實並沒有這麼簡單。

有一天我外出送貨，回到店裡發現我們的停車格裡停著一輛沒看過的車。我們的店沒有提供客用停車場，所以那應該是客人的車吧，那時我心想：「明明沒有標示是這間店的停車場，還擅自把車停在這裡的人，真是連基本常識都沒有」。此外，還曾經發生過交情不錯的熟人跟我抱怨店裡工作人員的態度不佳……，這些事情讓我深刻體認到，即使是熟人，只要在踏進店裡的那一刻我們就變成「客人」與「店員」的關係，而這之間，有著巨大的隔閡。這天起，我開始思考「客人與店員」以及「客人與店家」之間的距離。所謂的做生意，或許就是在這樣的距離之中所發生的事。如果我一直只是個坐在電腦前工作的設計師，恐怕一輩子都不會去思考這個問題。「住家與店鋪」、「客人與客人」、「客人與店家」以及「客人與店員」，只要花心思處理之中各式各樣的細節，建構起友善的關係，就算無法跨越店家與客人之間的高牆，也應該能夠啟發客人想好好珍惜在店裡買到的商品之心情。

希望來過D&D之後，能讓對設計漠不關心的人，變得對設計滿懷興趣而歸。

要把以設計聞名的商品賣給原本就對設計有興趣的人，說實在是再簡單不過的事。舉例來說，柳宗理設計的「不鏽鋼水壺」是一支只要是喜歡設計的人，必定知道的產品。但即使是喜歡設計的客人，卻未必真正清楚這件商品作為水壺的特性，通常只因為它是柳宗理設計的、感覺很酷，就會購買。

過去有位知名設計師常說道：「不能靠自己的知名度來賣東西。」他認為商品一旦掛上設計師之名來行銷，便會使人忽略其原本作為生活用品（例如水壺）的實用性，貼上設計師名號這個標記之後，物品本身的價值因而被簡化，他不認為這是個好的行銷手法。

說穿了，這是因為過去與現在的設計師對商品的態度有所不同。過去，設計師對產品背負著各種責任；另一方面，設計師比任何人都熟知產品的品質或使用方法，因此只要出自某某設計師之手，一定是沒得挑剔、品質有保證的優良產品。然而，如果現在我硬是要大聲疾呼上述我所認為「物品製作應有的態度」，只會讓人感覺這些都過於艱澀專業，反倒會讓更多人認為自己跟設計是沒有關係的，而沒辦法把我真正想表達的理念好好傳達給客人。

D&D創立之初，我的設定是「一間時尚的家庭用品賣場」，客人只要有需求就會想起這裡，讓他們輕鬆自在地前來，而店內陳設著設計好、品質佳、滿載著製作者巧思的商品，客人就算閉著眼睛也能買到好東西的地方。把先前提到的社會問題隱藏起來，同時營造舒適溫暖的氣氛，讓客人仔細一想才發現，買到的全是好東西。為了讓D&D成為這樣的店，我下了很多工夫。

舉例來說，附設咖啡區就是其一。對客人來說，與其跟他們談論社會問題或專業的設計議題，不如提供一個漂亮舒適又能享用美味食物的地方約會還比較開心。

通常具有正確設計的名品，到最後還是掩蓋不住設計師的名氣，於是身為使用者的客人仍舊會依賴設計師的名氣來選購商品。到最後，正確設計之下誕生的產品，與徒有名氣的設計師做出來卻不怎麼樣的產品，對消費者來說兩者之間的差異越來越難以辨別。

獲得客人信賴，讓客人覺得：「去到那家店，買什麼都沒問題」，以及D&D的知名度，這兩者之間的平衡讓我非常在意。沒有實際作為，名號搶先跑在前頭、廣為人知，這樣有名無實是我最害怕的事。我們在正式店名「D&DEPARTMENT PROJECT」特別加入「PROJECT」這個字眼，是希望不管客人多喜歡這間店，也要記得我們仍在實驗階段，對我們永遠持保留的態度，同時也因為我們是以開一間好店為目標正在努力，希望客人也能一同參與我們的成長過程。

D&D會在店裡舉行「d讀書會」也是基於相同的理由。我們最希望客人能感受到：「就連創立者長岡賢明或D&D的工作人員也有很多事情是不懂的，但他們很努力地在學習。」把最真實的一面毫不保留地展露出來，希望引起客人的興趣，與我們一起探索深奧的設計世界。

越專業的領域，越容易淪於滿足浮誇的名號上。只要能說出幾個專業術語，就能自我安慰覺得自己懂很多，也讓別人以為自己很厲害，然而這樣一點意義也沒有。如何用最簡明易懂的方式讓對設計沒興趣的人也能了解什麼是真正的好設計，才是我們追求的目標。

在東京、大阪設立直營店。若能在六大主要都市展店，我們的理念就能一口氣推廣出去。然而，我發現這樣的店鋪擴張也不過是在追求利益罷了。

D&D必須是以一個宣揚理念的型態存在，並非是以長岡賢明個人興趣為主的商店，而是將對社會的問題意識以賣場的形式呈現。為了達成這個目的，必須要在人口眾多的大城市展店，我一直如此深信不疑。

因此我向銀行借了鉅款，在世田谷區奧澤承租500坪的店面。那時，我本業的設計工作仍持續，公司的營運多靠設計工作支撐。我靠設計賺錢，一邊把D&D打造成實踐理想的地方，同時也計畫將第二間店設在紐約。理由很單純，因為日本人對於來自國外的訊息會有強烈的反應。為此，我想辦法勉強調度增加資金，但就在紐約店的地點以及店長人選都已決定時，各種問題層出不窮，最終計畫無法實現。雖然覺得可惜，但因此讓我決定先好好在日本國內拓展D&D，於是在東京店開幕兩年後的2002年，第二號大阪店也誕生了。

D&DEPARTMENT PROJECT OSAKA
RTMENT PROJECT

因為東京店的盛況，我們大約每週一次，接到各種企業財團、個人的聯繫，希望雙方合作在自己的所在地展店。像我們這樣整間店靠工作人員一磚一瓦地打造，又不抱賺錢想法，也尚未累積出可以簡單說明的技術與知識，其他人絕對無法徹底重現這樣的一家店，因此我們拒絕了所有的合作提案。然而，如此受到外界注目之後讓我重新了解，自己想做的並不是「靠自己完成專屬於自己的世界」，而是被社會大眾接受認同的店。正好為了打造兩間店舖，所能承受的貸款額度也到了極限，讓我有充分時間能思考這些來自外部的期待之意義，以及自己實際去做時的感受。將來，我會在完全陌生的土地上，與當地人一起經營D&D。雖然還只是一個模糊的想法，但在完成兩間店舖之後，我開始有了這樣的念頭。

重新檢視想設立D&D的原因。

我們接到來自全國各地的聯絡，表明希望在自己所在地開設D&D的想法，因此有一陣子我們不斷與這些提案者面談。剛開始，我以為大家是對於這個來自東京，看起來很厲害的新商業模式感興趣，進而想加盟。事實上，我們自己也是如此對看待D&D的。東京店開幕兩年後，我們自己對D&D的理解也僅是開創了一種「新的銷售模式」的商店。

在處理外界合作提案的過程，我們才開始思考關於加盟的規範。所謂的規範，原意是為想合作經營D&D的外部人士所訂定，規範本身盡量精簡，以便將來各店可以有自己解讀詮釋的方式，也能因應當地情況做調整。至今仍持續執行的合作關係規範的

PPON VISION

三大重點為「販售長岡賢明精選之商品」、「介紹並販售當地的永續設計商品」及「附設咖啡區」。

現在回想起來，這些來自全國各地希望在當地開設D&D的提案，它們產生的背景或許是以下這些原因：其一，是來自東京，像便利商店以複製成功模式作為展店手法的商業型態已顯露其極限。這些店無論以多麼華麗的姿態從東京到當地隆重登場，往往撐不過三年。這些提案者開始注意到，這樣不斷重複開店－倒店的循環，對他們的土地、家鄉而言一點意義也沒有。

與其不斷重複、消耗，不如引進一些對當地有幫助的事物。但在某個程度上，對於宣傳、設計、商品採購，以及對潮流趨勢的掌握等等如何回應現實需求的問題上，他們也想參考、引進東京的作法。在最適合自己的方式下，以當地特色為優先考量，有時又可借助於東京的力量。向我們提出合作的人，應該多少都能從D&D的經營模式或是合作規範中感受到，「如果是跟D&D合作，應該有辦法實現這樣的想法」。

此外，像「d讀書會」或東京發起的巡迴展覽及活動等等，如果只在當地做，恐怕難以成形的活動，也一併帶到各店去巡迴，對於較少外來刺激的地方，這些都是吸引客人定期來店的要素。另外，對於想傳達自己的想法、主張的領導型人物來說，掌握了「東京」這個關鍵字，就如同獲得了某種支持一樣。

D&D的加盟店命名方式為「D&DEPARTMENT PROJECT＋地方名稱＋經營者公司名」。例如北海道店是「D&DEPARTMENT PROJECT HOKKAIDO by 3KG」、鹿兒島店則為「D&DEPARTMENT PROJECT KAGOSHIMA by MARUYA」。這對他們來說，或許正是既能妥善利用東京的經營模式，又能讓自己與家鄉成長進步的象徵吧！

東京的酷炫風格，不適用於大阪店。大阪店的籌備過程中，為二手商品無法規範的採購標準所苦。

D&D第二號店大阪店的設立，並不是套用東京店的技術就順利完成，而是依循我全心從事設計師工作時期自己開發的「三件並排理論」。簡單來說，就是遇到單獨一件看不出所以然的事物，我就擺上第二件，再補上第三件；三件並排之後，通常就能看得比較清楚。我在處理企業品牌經營的案子時，也經常運用這個理論。也就是說，在第一號東京店成長進步的同時，為了讓D&D所背負的使命更加明確，我認為必須要在另一個地方設立第二間、第三間店，三間店同時營運，才能清楚看到整體樣貌。最後也因為第三間的北海道店成立，讓我下定決心要在日本47個都道府縣皆設立D&D，同時也清楚看見，為了達成這個目標我們所必須改善的問題。

東京店是在２０００年開幕，當時我也有過單純「想展店至全國各地」、「想在各主要城市設立分店」等，各種被既有成功模式所制約的想法。兩年後大阪店開幕時，我自己也還沒發現「促進日本各地方發展」這個重大的使命。要不是在大阪店成立過程中吃足苦頭，我大概也不會有這樣的體悟。

籌備大阪店時，我們還沒有所謂已由東京店建構起來，對D&D而言不可或缺的條件。我還是抱著既有的設計觀點，換句話說就是仍執著於「酷炫的風格」，以為可以把東京的作法套用到大阪。但才剛開始著手準備大阪店，馬上就深切體會到這完全行不通。

開幕初期，三樓的餐廳幾乎沒有客人上門。可以想見的理由有許多，但我想最主要的原因應該是「不符合大阪的作風」。我們最常被大阪人提醒：「不夠簡單明瞭，是行不通的」。但就這樣繼續努力了兩年，終於換來座無虛席的局面，這時大阪人又告訴我們：「原因在於外場服務人員有個很有趣的傢伙（指工作人員）」。開幕半年左右，客人真的少到讓我倍感挫折，甚至開始認真計畫，打算花大錢把三樓的餐廳往下移到一樓。沒想到客人竟然只是因為「店裡有個有趣的傢伙」而來，這種大阪人特有的價值觀，一開始讓我覺得跟東京的風格十分衝突。

大阪是個十足的商業地區，對於「很酷」的定義，與東京靠媒體營造出來的觀念，差距頗大。在大阪開店之前，我一直以為可以直接套用東京的模式。大阪店之後，確定札幌的加盟案時，我才體會到不同的地區，做事方法、思考模式與價值觀都不同，並開始真正考量到每個區域、每個地方的特性。

籌備大阪店遭遇到最大的難題，是如何將來自大阪各資源回收店、獨一無二中古貨的採購條件標準化。對於知名商品可否進貨這點，要訂定規則很容易，但對於這些「不知名、但確實是好東西」的中古貨，我無法制訂出讓全體工作人員都能絲毫不差、正確判斷的標準。這與柳宗悅在「**民藝運動**」*時，判斷當地傳統的生活用具之好壞很相似，只是隨著時代轉變，挖掘這些「不知名的好東西」的地點變成資源回收店，我們得從二手市場中尋覓好的物品。

編註：柳宗悅（1889～1961）自1925年起，於日本各地宣揚美並不只屬於藝術，即使是一般的生活用品中也有美的存在，讓生活美學遍地開花，後人稱之為民藝之父，由其主導的相關活動被稱為民藝運動。詳見《工藝之道》，柳宗悅　著（大藝出版）。

最後，我認為得放棄制訂D&D採購的條件，取而代之的是只能從根本的觀念著手，因而決定以讀書會的方式，與員工一起分享。在這個商品前仆後繼、不斷湧現的時代，出自知名設計師之手的產品自然而然就被認為是「好設計」。為了不媚於俗，要做到能判斷出「不知名、但確實是好東西」，不能只從表面的形式，而要上溯至「想法」才行。

於是我們開始隨機找來各式各樣長期持續生產的商品作為讀書會的主題，邀請生產該商品相關的人員來進行對談。一開始單純舉辦給內部員工參加，漸漸開始邀請常客，最後變成對一般大眾公開的活動。與此同時，我開始正式寫文章經營部落格。因為大阪店、東京店各自有自己的工作人員，我們之間距離遙遠，為了把想法傳遞給這些遠距的員工，而開始這麼做。

為了讓前所未見新型態的場域、「傳遞想法的店」的形象扎根，有意識地做與不做的事。

D&D所販售的商品，其他地方也會販售，我們並沒有任何只有在D&D才買得到的東西，這其實是有原因的。當我們自問：「我們販賣的究竟是什麼？」這個最根本的問題時，得出D&D賣的是「傳遞製作者的想法」這樣的答案。也就是說，我們是靠「傳遞理念」來賺錢。說起來很不可思議，但為了靠販售這些在D&D以外的地方也買得到的優良設計品維生，我們必須要讓店裡的商品及其周邊相關事物，比其他地方都更有趣、對客人更有幫助，以此吸引客人。當然如果是採取低價促銷，我們大可免去「傳遞理念」的工夫，但這種只想省事盡快換取金錢的行為，我認為是沒有意義的。降價、折扣等方式，受惠的只有購買商品的那一方，當我們深入去思考製作者及該商品相關的整個產業鏈之存續時，會發現廉價至上的扭曲觀念必定會在某處產生不良影響。以時尚界為例，「新品發表」→「當季流行」→「下折扣」已成為必經之路，就結果而言，衣服的本質與深度卻逐漸流失。

若不能讓「製作者」、「銷售者」以及「消費者」三方都滿意，事物最重要的本質便無法彰顯。每個人都是消費者，但如果不去思考其他兩個角色，結果就是會造成自己所在的地區或國家，變得愈加貧瘠困乏，能夠設身處地去思考是很重要的。

假使D&D開始製造原創商品，也不會為了獨門生意而做出只有在D&D才買得到的產品。比如為了讓我們公司自己出版，一本從設計的角度來思考旅行的雜誌《*d design travel*》能夠在全國書店販售，我們得支付龐大的通路費。考慮到原創商品要在全國D&D以外的地方販賣所必須花費的通路費，可能會讓我們無法輕易展開企劃，但隨著D&D加盟店的增加，我們就能以這些自有通路為主要銷售點，讓這個由眾人一同參與的企劃得以實現。我一直希望終有一天，生活用品也能試著這樣做。

地方政府的行政人員看見我們正在執行的「60VISION」計畫，認為也適用於解決47個都道府縣地方產業所面臨的問題，因而讓我開始意識到日本47個地方。

D&D以經手好設計的二手商店出發，一開始非常積極地採購「正確設計的生活用品」，希望能讓更多人去思考好設計商品的價值。當時我有中古商執照，店內的商品以中古貨為主，但關於所謂的「正確的設計」究竟該如何定義，其實很難詳盡說明，於是我們搜羅了各式各樣的例子來幫助自己深入思考。

首先是參考由日本產業設計振興協會所舉辦的Good Design大獎——俗稱G-Mark，其評判標準之一的「永續設計」。經過數十年不斷生產、銷售，持續受到消費者支持的設計，不也是「好設計」必備的一大條件嗎？再來就是為了進貨走遍全國各地的二手市集、資源回收店，遇見連我這個平面設計師都覺得很美、不受流行左右的家具或食器，也會讓我們特別留心注意。

我們開始進一些G-Mark中獲得永續設計獎肯定的產品同時，也思考了一項名為「60VISION」的企劃。

將在二手市集常見的美麗家具與食器整理之後，發現它們的共通點是多生產於1960年代。1960年代正是全世界好設計運動風起雲湧的時代，日本戰後復興告一段落，正開始要以經過縝密思考的設計來豐富生活內容的時代。不只是追求量產、熱銷，製造業者、消費者，以及推動好設計運動的政府單位也都有「優良設計」的觀念。在理解這樣的背景之後，我一方面著手販售這些已停產的1960年代家具及食器的中古貨，另一方面也向這些產品的製造商提案，請對方考慮合作復刻生產，一同回到企業創業初期的原點，重新審視品牌的價值。我們為這個企劃命名為「60VISION」，與12間同意參與的企業共同展開活動。

2007年某天，三重縣政府行政人員跟我聯絡，他認為「60VISION」重新審視企

VISION
KOTOBUKI
HouToKu
60

業的起點與樣貌的同時，也可以透過消費者使用，將這樣的概念擴散出去。現在全日本47個都道府縣的地方產業也正是需要回到原點重新審視、理解當地特色的時刻，他希望能將「60VISION」的經驗套用在地方產業上，因此邀請我去演講。我接受了邀請，並將演講主題暫定為「NIPPON VISION」，在準備過程中發現了對地方產業來說非常重要的事情。

一場在三重縣演講開啟了契機，各個地方也紛紛邀我前去演講。然而我也開始感受到無論自己在講台上多麼熱烈暢談，都只不過是以東京為據點的我所構思的內容。地方行政人員想的是從大都市找設計師來演講，多少能活化地方產業。然而僅是安排一場又一場的演講，或許能帶來一時半刻的刺激，實際上卻什麼都不會發生。一次在某地方城鎮我剛演講完正要下台時，主持人開始以麥克風介紹下次的演講內容，頓時讓我感到非常空虛，覺得自己充其量也只是個外人，不管在講台上多熱切地把想法傳遞給台下的人，當地人應該也認為我實際上並沒有想要一起解決問題的意思。我強烈地感受到，真的要解決地方產業面臨的問題，就必須要47個都道府縣設立D&D，作為傳遞自己想法與製作者理念的場所，否則就無法與製作者一起解決問題。

實際走一趟以傳統工藝或地方產業聞名的地區，會發現多半他們所處的環境著實艱困，因而導致產業後繼無人，年輕人只能往城市發展。我認為在自然資源豐富，並且擁有歷史悠久的傳統工藝之土地上，若能有一個與東京感覺很像的聚會場所，只要在47個都道府縣全部實現，便能開始發展全國性的交流，甚至是中短期在其他地方的駐村交流，如此一來製作者就會想留在自己的故鄉，為當地注入年輕活力。在這樣一個適度帶來大城市的資訊與品味的空間裡有塊咖啡區，兢兢業業的製作者得以在此享受悠閒氛圍，彼此交流。

想在日本47個都道府縣全部設立D&D的想法，在地方行政人員邀約演講的契機之下，於我心中真切地成形。

從手工藝品採購日野明子小姐身上學到日本的產品製作之道。

我在三重縣的演講會場上，認識了為店家採購手工藝品的日野明子小姐。對我們來說，她完全是不同世界的人。如果說我們從事的是以塑膠及最新科技大量生產的產品設計，那麼日野小姐所經手的每一件漆器、陶器都是來自手工製作的世界，那些都是個人手工創作的結晶。日野小姐過去也做過大型百貨公司的採購，因此也注意到一些我們也關心的問題，讓我很想多跟她深入討論。

具體來說，雖然她經手的是手工製品，但接到的也是來自注重當季流行的百貨公司所下的大量訂單，因此也不能無視大城市的流行趨勢，必須依需求來生產。這樣的訂單，其實跟我做的也大同小異，只是材質從塑膠或金屬，轉換為陶土或漆罷了。從這個角度來看，我發現日野小姐所經手的也是我們所不了解的一種「設計」，因此我聽她說會到各地方去出差，便拜託她讓我也跟著去看看。

我從日野小姐身上學到很多。例如她自稱是「個人批發商」，我想那是因為她很重視自己身負的責任，只在可以傳達想法的最大範圍內做買賣。這樣的想法，在大量生產的商業設計世界裡根本無法成立，但我相信不久的將來，小量生產的汽車、家電等商品必定也會出現。如此一來，可以預想得到「設計」的定義與範疇也會跟著改變，而日野小姐現在所做的一切必然會帶來很大的啟發。

此外，日野小姐對於受訪的次數與媒體的品質要求嚴格，盡量不讓自己站在台前，為了強調製作者才是主角，她極力避免讓自己成為鎂光燈下的焦點，否則會造成量產市場常見的「流行、一窩蜂」，一時之間也許可以帶來商機，不過一旦熱潮退去後就會賣不動。日野小姐面對媒體時，近乎神經質的應對方式，讓我感受到在那背後是她為了讓這一切可以長久持續的強烈意志。好東西要持續被製造、銷售，這是多麼困難的事，然而日野小姐走遍日本各個工藝產地，一直都貫徹著這樣的風格。

剛開始我以為對於製作者來說，商品大賣、收到許多訂單是最開心不過的事，因此能被知名雜誌報導也是值得高興的。但從日野小姐身上我學到，與其只是一時之間熱賣，穩定長久地銷售，對製作者以及產地才真正有幫助。也就是說，在他們的世界裡，比起「下個月請出貨100件」，「每個月分別有10件，且可以長久持續下去」的訂單對他們來說才是好事。

展店的邀約蜂擁而至，在應對的過程中發現，若要發展成加盟型態，D&D現有的經營方式存在諸多問題。在這樣的情況下，藉由在北海道設立首家加盟店的機會，重新整理D&D應有的樣貌。

D&D的東京店，我們不假他人之手，從漆補牆壁開始，自力打造完成。兩年後2002年，自認為應該有辦法在遠離東京的地點完整重現原有的概念，最後卻是好不容易才完成了大阪店。兩間店引起的反應，遠遠超乎我們想像，我想是正好遇上了咖啡店、二手商品、改造翻修、家具等熱潮崛起的時期，而我們也剛巧將這些當紅的關鍵字一網打盡。除了日本全國各地，我們也接到眾多來自韓國等其他國家詢問合作或展店的可能。

我們在大阪重現了以半實驗性質打造的東京店。在這個過程中，我們重新認識到，不論是整體概念、銷售方式——更不用說展店的技術與知識，我們連商業模式，甚至是說「只要這麼做，就能估算出能有多少獲利」的公式都沒有。

另一方面，我自己的資金已經全數用光，也無法再借貸更多資金，我面臨了無法單靠自己的力量完成第三間店，來實踐我的「三件並排理論」的現實問題。雖然希望在47個都道府縣皆分別設店，但在不可能獨力完成的情況之下，讓我能更冷靜去思考（雖然其實不想這麼做），也萌生了應該要開始做以下三件事的念頭：考慮投資報酬、整理東京總公司所能提供的技術，以及流程管控。這時候我終於必須去直接面對「本來就不是為了要賺錢而開店」的心態，以及「想在所有都道府縣開店，也就是經營47間店鋪事業」的想法，這兩者之間的矛盾，或者該說剛開始就已隱約知道的、所謂商業世界的現實面。就在我正煩惱著不知如何是好時，遇見了現在D&DEPARTMENT HOKKAIDO by 3KG（以下稱D&D北海道店）負責人佐佐木信先生。

佐佐木先生在北海道的札幌主持的3KG，是從事網站設計、平面設計、影像製作等等的設計公司經營者，（當時）33歲。因為彼此同為設計公司經營者，設計工作範圍也相近，對於我那些現實面的煩惱，彼此能站在同行的角度，敞開心胸深入對話。他認為D&D非常有趣，對於在札幌開店一事，也是憑著設計師的直覺，相信只要做有品味的事，自然會吸引有眼光的人前來，這與他的團隊獨力在札幌舉辦發祥自倫敦的國際動態影像展「onedotzero」時的感覺是相同的。也就是說，對於與自己擁有相同的感覺的人，他們所追求、所喜愛、願意花錢購買的事物，與有興趣會被吸引的企劃內容，這些都是他能預測掌握的。

由自己團隊以外的人來擔任實際負責人，以加盟的方式設立D&D北海道店之時，才發現與佐佐木先生的合作是非常特殊的案例。與他長談的過程，我們討論到要成為這家店的負責人，如果不具備有設計師的身分、同樣經營設計公司，彼此的設計觀無法共通、理解，或許就無法成為D&D的合作夥伴。

經過幾次走訪札幌、看了幾間候選的店鋪物件，才透過佐佐木先生整理出與D&D合作的模式。他認為要在當地設立D&D，並將已在當地持續已久的事物介紹給年輕人，不能只靠空間的設計裝潢。面對20～30歲的客人，如果沒有跟他們溝通、討論，理解平日所使用的器物及器物帶來的感覺，是引不起他們興趣的；不管是廣告單或網站設計、影像呈現或是商品的說明小卡等，都必須要有一定以上的水準。此外，連鎖店品牌標準化的呈現方式，對於喜好日新月異的年輕人來說，恐怕會是無趣的。D&D北海道店的籌備期間，我們一面煩惱一面整理出D&D應有的樣貌與意義。

D&D是將所在的這片土地上淵遠流長、美好又獨特的特質，以嶄新的角度切入、重新詮釋後，傳遞給客人。我們要求加盟店最基本的規範，大致有以下三點：

1 販售我們所挑選的永續設計商品。

2 持續不間斷地介紹、販售當地長久流傳的事物，並舉行工作坊等活動，讓店舖成為交流的場所。

3 設立餐飲空間。

只要能做到這三點，其他部分就交給各店自由發揮，創造出自己獨特的呈現方式，完成具有當地特色的店舖。

我們能夠提供給加盟店的協助是硬體設備／裝潢的建議、採購中古貨的技術與知識、店長研習訓練等籌備過程所會經歷的所有事情。在開店之後，則主要是提供D&D各店共享的網站、行銷活動、資源，以及活動展覽到各店巡迴等。比起便利商店等大型連鎖企業，D&D東京總公司能做的，老實說十分有限。我們當然不是免費提供協助支援，總公司與加盟店之間，當然也涉及現實面——金錢上的往來。作為使用我們苦心創立的「D&DEPARTMENT PROJECT」品牌形象的代價，我們向各店收取權利金當作掛名費用。然而，我們無法對各加盟店做出「只要這麼做，至少會有這些利潤」的最低獲利保證。

即使是這樣的運作模式，佐佐木先生仍不眠不休執行D&D北海道店的籌備工作。看了10間以上的物件，最後決定租下整棟三層樓的建築，規模超出他與我的預料。

佐佐木先生將自己的設計公司3KG設在二樓，三樓則在店舖上軌道之前，暫時作維倉庫使用，先不進行室內裝修；一樓的一半以及二樓部分空間作為D&D北海道店賣場。而一樓的另一半，是佐佐木先生說服他常去的咖啡廳負責人，一位跟他同世代的女性，邀請她進駐開店。2007年11月，加盟店第一號「D&D北海道店」順利完成，終於誕生。

D&D北海道店總算成形，正式起跑。初期也從東京總公司派遣工作人員出差札幌，支援我們第一間加盟店。店內以D&D全店統一使用的灰色工業用層架為基礎裝潢，賣場展示著Karimoku沙發椅*等「60VISION」的商品、符合永續設計的文具，一旁

編註：Karimoku為創立於1940年的日本老牌木製家具廠。

EPARTMENT PROJECT SAPPORO by 3KG

都附上全店統一使用的商品說明牌。我們開車繞遍整個北海道收購來的二手家具，與北海道店的工作人員一起整理修復展示在店頭。展示的家具一旦售出，就會在當天關店後調整陳設方式。關於「是否要導入POS系統，以便利的條碼來資訊化管理銷售作業」、「如果不使用昂貴的POS系統，要如何管理每天的銷售結果」、「來到北海道店的客人，最後卻是在東京店經營的D&D網站下單的話怎麼處理」、「要怎麼協調店裡與咖啡區兩邊的營業時間與公休日」……，面對這些問題，佐佐木先生跟我們都必須一一處理。

佐佐木先生與他的團隊另一頭還有設計公司的營運，也就是本業的設計工作要進行。他們白天當店員在店裡工作，晚上才恢復設計師身分。二手家具的品項庫存過少時，必須利用店公休日去進貨，還得定期舉行的座談會或工作坊的企劃、與公司內外相關人員開會討論、將北海道店的活動資訊更新到總公司網站、製作廣告單、募集參加者；活動當天得安裝麥克風等器材、準備大量參加活動者坐的椅子，當然活動結束後還得要收拾整理……。

編註：右頁照片為北海道店一景。開幕當時名為札幌店。

D&D的目標，是要做一間能夠將製作者想法，以及何謂正確製作的物品傳遞給客人的店。而在這之前，生活雜貨、餐飲的事業必須先能夠順利運轉，否則根本不用談那些活動。從這個角度來看，或許有經營商店經驗的人，能夠提供客人較完善的服務；然而在準備像座談會，或是理解當地傳統事物的讀書會這些企劃活動時，就得要與外部相關人員開會討論，便會直接面臨到究竟對自己所在這片土地有多熱愛，能否妥善操作D&D這個裝置，找出新的切入點去達遞想法等等的考驗。

長期從事生產製造的人，大都話不多而且頑固，如果沒能好好地將自己對這件事情的熱情傳達給對方，他們通常不會願意在工作場所以外的地方談論自己的工作，更不用說是要請他們在平常甚少接觸的一群年輕人面前實際示範製作過程。如果不能展現自身投入的熱情，要說服他們答應是難上加難。

但是，D&D並不是只想賣東西，D&D選品的考量不是暢銷與否，而是賣我們「想賣的東西」，之中也會有些商品是不易呈現其魅力，所謂「不好賣的東西」。此外，賣場裡有三分之一連在東京店都沒有賣過，是擁有那塊土地獨特個性的商品。

為了持續經營D&D，傳遞理念，我們必須以最柔軟靈活的創意發想來面對每一天。

D&D是一個讓你與身在其他地方的夥伴共同分擔煩惱的聯絡網。

要經營D&D，就必須做到「運用設計的手法，將當地特色簡單明瞭地傳遞出去」。我們希望這項宗旨未來在D&D47個都道府縣各店，能考量出適合自己的做法。

這包含了店面地點、大小，自己生長的故鄉有什麼樣的特性、樣貌究竟為何，以及如何呈現這些特色的傳統工藝或祭典或是新的運動、如何引導觀光客、手中有什麼東西可以交給客人？該如何呈現？又該如何規畫演講？如何邀請講師？一樣要面對這些問題的其他地方D&D工作人員也會注意彼此的狀況，互相聯絡、交換訊息。

雖說是開放加盟，但並不是每一件事每個細節都有完整的執行手冊可以參考，於是在其他地方有同為經營D&D的夥伴是非常重要的。並不是把其他地方的成功案例直接拿來複製，而是分享心得想法，再依自己所在地的特色來變化、執行。透過彼此的聯繫，挖掘出其他D&D加盟店的創意與用心，再加工成屬於自己的東西。

D&D並不是一切由東京發起的連鎖店，而是與全國各地有相同想法的人一起建立起來的「思索當地獨特性的聯絡網」。

一開始，的確有很多事是從執行東京總公司所企劃的全國性巡迴活動或特別販售專區之中學習如何吸引客人上門，但慢慢地會知道如何做企劃、吸引客人跟宣傳，並開始自己策劃展覽，與地方的關係也越來越深入。大致是循這樣的模式進行。

最終目標是希望以 D&D 為中心，建立一個凸顯當地特色與手工製造業的社群。

我們曾經有過兩次失敗的合作經驗。

進行不順利有幾個原因，其中兩次失敗都碰到的問題，是加盟者除了D&D之外，同時又從事著相似的工作。以我們的角度來看，會認為這些公司或這些人，已經在做跟D&D差不多的事情了，應該不需要再加入D&D。通常他們原本的店生意不錯，也受到當地人的喜愛，同時也會邀請來賓舉辦類似讀書會的活動。但他們又希望能經營一間D&D，換句話說是想變成D&D，最後我們會因為經營理念的不同而解除合作關係。

另外，也有人是因為藉由經營D&D而有些心得，於是另創品牌進行類似的活動。當原本是與D&D合作的案子，他們卻以自己的公司去承接時，我們無法有明確的規範去限制，在雙方溝通後決定解除合作關係。

上述是我們這邊的理由，但對於有過一般加盟經驗的人來說，D&D總公司應該會讓他們覺得很不可靠。以加盟制度來說，總公司應該要向加盟方提出一個明確的投資金額，出借品牌，並提供在特定期間內能夠產生收益的技術與知識，以及原創的素材或商品等。而加盟方則需將每個月營業額中事先議定的固定比例支付給總公司，作為品牌授權費以及技術支援費。我們雖然不至於沒有所謂的營運技術，或是「只要做到這些就能賺這麼多」的資料可提供，但是卻不將這些視為優先該談的事。當然，我們今後也不預期自己要做到可以給各店「營運收支保證」，藉此來拓展D&D。

在47個都道府縣成立D&D之後的將來，我們希望D&D各店可以成為各個地方的中心，培養該片土地上的人或該地方製作者的獨特性。在店裡販賣地方產業所製造的物產，開發原創商品，能夠縝密地企劃活動並做全國性的宣傳，面對媒體採訪也能夠流暢應答，等到具備這些技術知識後，就算不再使用D&D的商號，而改創自己的品牌也沒關係。

我們認為合作夥伴之所以需要加入D&D，應該是因為目前還不清楚作法，希望能透過經營D&D刺激自己所在地方的發展。但到最後，總公司與加盟店間的權利關係總是會很自然地逐漸消失。

一開始對於大阪店以及其他地方的加盟店，我認為只要照著東京店的作法就可行。之所以如此，是因為我認為把起源自東京的「傳遞方式」拿到各地方去實行，是最有衝擊性跟影響力的。然而後來我發現，這真是大錯特錯。

東京是一個被眾多媒體與專業保護的溫室花朵，人口多，具有訊息發布能力也有說服力；文化人士、知識分子為數眾多，同時也是政治的中樞。已習得與世界競爭原理的東京，獨占日本的中心與成功關鍵。而我也認為，這些特色都有繼續利用的價值，甚至可以說，遇到瓶頸碰到困難的人，來東京就對了；有想要傳達給大眾知道的事，來東京做就對了。

然而現在我會想，對於今後的日本來說，更重要的是如何利用東京既有的制度、想法，去建立一個能夠持續長久地引導出各地特色魅力的制度。我的意思並不是要把各地方東京化，而是拿東京的方法到各地方整理出當地的獨特性。就結果而言，透過D&D，我們能夠提供的幫助，是都市型的廣告宣傳力、管理運用網站等平台的方法、適度藉著市場分析來進行符合當地樣貌的商品開發以及銷售，以及能夠將20～30歲的主要客層族群喜歡的酷炫元素加入其中的概念。

我希望現在各地方的D&D加盟店能與我們在2000年代成立的東京店與大阪店有所不同。這樣的適性調整，已經在星巴克之類的大型連鎖企業身上看見了。他們不再像以往將發源自大都市的體制完整複製移植到全日本各地，而是開始建造出與當地特性有所連結的店鋪。

讓「傳遞想法的店」成為地方及產地的中心。

某縣邀請來自東京的知名設計師為該地方傳統工藝產業操刀，一手包辦商品發展方向到產品發表的形式等等。不論是住在東京的我，或是日本全國從事設計相關工作的人，大多認為該品牌發展得很好。當然看起來會如此順利，是因為報紙雜誌大肆宣傳報導下，營造出一時半刻的華麗盛況。但我有機會實際走訪該地，與身為當事人的製作者聊過，才知道背後有著我想像不到的殘酷現實。

支撐著當地傳統工藝的，是一群有著強烈向心力的年輕人為主的團隊。他們看似是新世代的領導者，但事實上卻是為了討生活，不得不承接許多條件相當嚴苛的工作，大家都很忙碌，很難有辦法聚在一起。而這樣的情形不只在該地，放眼日本全國的工藝產地皆是如此。推動這些專案的，是來自國家或地方政府的短期補助金。補助金不是出現在真正需要的時刻或是需要的人手上，只在某天像大雨一樣突然降臨，不時聽說大家為了這筆錢該怎麼使用而困擾，甚至鬧得彼此不愉快。最糟的情況是有人為了得到輔助金，得做些沒人要的商品，或只是將賣剩的產品塗上其他顏色就來魚目混珠。到產地走一圈才發現，像這樣取巧的事真是時有所聞。生產製造的現場，製作者為了生計不得不面對的現實，與為了繼承傳統的焦慮兩相交錯混雜，促使一些相關人士動起來。

然而這些在水深火熱當中的年輕製作者，連聚會場所都沒有。其實不論是居酒屋、咖啡廳，或是任何地點，只要是「適合聚會」的地方都可以。次要的條件就是營業時間、菜單內容，或者是裝潢、老闆與客人的距離等，常出入那裡的人是否好相處……。不過光只有年輕製作者聚集在一起是沒什麼意義，需要各形各色的人物也加入，比如政府機關的行政人員、學校老師、東京來的名人、報紙或雜誌記者、創意工作者、學生、當地企業老闆等。如果當地沒有一個能夠把各種背景的人聚集在一起的場所，就會影響該地產業的發展。

好的產地，一定有像這樣的地方。不管什麼時候上門，都會有個誰在，大家對於理想產地有許多共同的想像。每個人的意見或許會因為立場不同而有所差異，但對於未來的期許是一致的。要達到這個情況，其實多少得仰賴這個聚會場所店主的手腕，他通常有能力提供美味料理、可以跟客人自由交流，在當地以外也有廣大的人脈，能夠吸引人前來……，我希望D＆D能成為這樣的一個地方。為了做到這點，無論如何都需要一個「有心要好好待在這個地方的關鍵人物」。他所做的一切不為自身利益，而是想幫助認真努力的人，只要是他們的拜託請求幾乎就照單全收。或許會被認為多管閒事，但時常在關心照顧他人，由這樣一個在地人經營的場所。

發展傳統工藝或地方產業的城鎮，多半會有個像是「公會」這樣的團體，或是大盤商等在背後運作的力量掌控這些悠靜的小鎮。說「掌控」聽起來或許過於激烈，但曾經有名從事傳統工藝的第二代、年輕創作者告訴我，他因為自己成立購物網站來販賣商品，而遭受當地其他人排擠。

當然，我認為這些事輪不到我這一介外人來評論，但因為這名年輕人創作的工藝品，實在是獨特又優秀，一個讓這樣的創作者有志難伸的環境，怎麼想都不是件好事。盤商或公會的力量強大，不是不可能去打壓這些有機會發展的新人的。此時若能有個地方穩健支持當地的社群團體，應該就能緩和這樣的問題。換句話說，這也是不只有特定的人出入，而是各形各色的人來往之場所的優點。

若不是在那塊土地上，想要維護當地獨特性、讓更多人認識它，而用盡心力的人，D&D是沒辦法跟他一起經營下去的。

不只D&D，在當地有發布訊息能力的「傳遞想法的店」，不能只是一般的商店。具有發布訊息能力的場所，原本就會有一個關注著當地問題的關鍵人物存在，之後才慢慢地聚集越來越多人。會想加入D&D，有時是因為他們光有對地方或產品製作的高度意識，但發現只靠一己之力很難做起來，因此需要D&D。

全國的D&D經營者，彼此會交換意見，最終目的還是希望能讓自己的故鄉變得越來越好。如果不是這樣的想法，我們大概也沒辦法跟他繼續合作。雖說是我們的加盟店，若只是仰賴總公司來的技術或指示，是很難經營下去的，自己沒有想要讓地方發展起來的心，我認為是沒辦法經營這樣一家「傳遞想法的店」。另一方面，對於生意不夠投入，不僅店本身做不起來，也不具有足夠的領導能力可以帶領一同打拼的員工，一切都很難經營。這些都是非常矛盾卻也是再理所當然不過的道理，但沒辦法跟公司員工好好溝通的人，是沒辦法向其他人傳遞推廣自己的價值觀的。要向客人、向當地人或是來自其他地方的人傳遞想法，並不只是有個店面跟可以運作的系統，隨便是誰都做得來的。

對D&D而言，設計旅行誌《d design travel》具有什麼意義？

不論是什麼樣的地方，都蘊藏著獨特個性或風土魅力，沒有一定的敏銳度去深入探索，這些並非都能輕易地就被看見；如果只由當地人來做，也未必能挖掘得出來。

這個情況，不管是做「東西」或做「事情」都是相同的。為了有系統地挖掘各地的魅力，我們在2009年創立了設計旅遊誌《*d design travel*》。當然，這本雜誌會在全國流通販賣，帶來旅客到這些地方遊走、購買物品等具體影響。然而《*d design travel*》的製作策略，與至今所看到的其他旅遊指南完全不同。首先，我們的製作經費有一半來自「關心當地發展的企業」，由他們作為廣告主出資贊助。一般來說，除非有什麼重大的問題，否則雜誌不太會拒絕出錢贊助的企業，但我們重視的是，想跟我們「一起創造會留傳到後代的東西」這樣的心情。

另外，我們在卷頭放上了「編輯的定義・方法」。這是因為一開始雖然是當地人跟我們這些來自東京的編輯人員一起進行內容採集製作，但將來總有一天，會由當地人自己接手做出屬於他們自己的《*d design travel*》，並且可以以同樣的思維持續地編輯這本雜誌。

一般定義的「地方刊物」有兩種，第一種是生活資訊類，由當地人編輯，讀者群也設定為當地人，因此主題或是編寫的方式中常會出現當地的特殊用法習慣，因為只要當地人看得懂即可，常會省略詳細說明，讀來感覺類似日常對話的形式，甚至誇張一點說，擺明了就是其他縣市的人看不懂也無所謂。第二種則是站在全國的視角介紹當地獨特性的文化誌。以電視頻道來說的話，就是像NHK一樣，以標準的日語向目標觀眾——全國國人介紹當地特色。

《*d design travel*》的編輯工作，就是巧妙地融合這兩種。我們以外來者的眼光發掘當地人認為理所當然的獨特性，並化作文字，向其他人傳達。製作雜誌本身，就是要整理出自己所在地的魅力及獨特性，並且進一步去思考該如何把該地的優點及產業推廣到縣外、需要設立什麼組織或是要從哪裡開始動手……等等的基礎資訊蒐集。

《*d design travel*》不打算以商業雜誌的方式經營，不是賣雜誌賺了錢就好，而是希望跟當地人一起，透過製作這本設計旅遊誌，整理出當地人的樣貌，並廣泛地讓他縣的人明白，可以說是一種接近工作坊的製作模式。而我們在《*d design travel*》所提出的視角、發現的論點，也與D&D未來的工作有所關聯。

我們的目標，是成為一個客人來到這裡，問得到接下來該往哪去，就像「旅途中的友人家」一樣的地方。

我們通常是從電視、雜誌或網路等媒體，獲得旅遊地的資訊，進而興起：「哇！好想去這個地方看看！」的想法，然而這些介紹的切入點多半一成不變，不外乎是美食、溫泉或是祕境……等等，偶爾會出現風格稍微不同的導覽者所主持的旅遊節目，這時便會被這樣特殊的旅遊觀點所感動，產生新奇的感受。也就是說，我們其實一直都在追求「嶄新的旅行觀點」。

我認為「設計」就是一種嶄新的觀點。當然介紹溫泉、美食等的當地觀光特集很不錯，但熱愛設計的人也不在少數。熱愛設計的人在旅行時，對食物、購物或住宿地點當然會有一定的要求，對於包裝、招牌、車廂、文化設施等的設計，或是祭典、街道造景的企劃活動、傳統文化甚至音樂等等各種事物都懷有興趣並深入觀賞。

對於這些「對設計感興趣的人」來說，如果在各地有個從設計的角度出發，導引、介紹、販售當地各種事物的場所，應該會把此處當作旅遊服務中心，作為拜訪當地的第一站吧！我們需要時常準備並更新這些資訊，介紹傳統工藝品時也以對設計有高度關注的新世代製作者的作品為優先，把當地流傳已久的各種事物，以簡單易懂的圖解方式介紹給客人，這是D&D必須要做的事。

不管到哪個地方的D&D，希望能做到讓客人感覺：「有個像這樣的入門管道，就算原本沒興趣的地方，先去過當地的D&D之後再四處看看應該也會很有趣吧」。

我的最終目標究竟是想做什麼？

我的最終目標，是在47個都道府縣各設立一間「整理出當地獨特性」的D&D。《*d design travel*》這本從設計觀點出發的旅遊誌，我也打算47個都道府縣各做一本。將來就算不是經營D&D，也希望跟我們有共同想法的夥伴，可以攜手一起為自己的地方做些什麼，希望這樣的「d之友」可以持續增加。

2012年，在東京澀谷Hikarie*分別有定期舉辦展覽的「d47 MUSEUM」、商場「d47 design travel store」以及餐廳「d47食堂」開幕。

編註：Hikarie，建築物名，前身為1956年落成的東急文化會館。

原本我就在東京這個媒體集中的大都市設有公關宣傳窗口，將全日本D&D的消息透過媒體或網站對外發布，藉由此次的機會，將這個活動總部的名稱統一冠上「d47」的字眼，設置在澀谷車站大樓這個立地特殊的地點。在那裡，一整年都有來自47個都道府縣以設計為觀點考量自己當地獨特性的夥伴提供各地的最新資訊在「d47 MUSEUM」展出、在「d47 design travel store」販售，並實際在「d47食堂」以各地食材做成定食，讓大家在此用餐並交流討論。

各縣的D&D以東京澀谷為發表舞台，與其他地方一樣擁有深入的設計觀點，也都希望能將自己家鄉的個性變得更豐富多元的夥伴天天在此聯絡交流；因為有編輯《*d design travel*》的經驗，在尋找當地出現新的景點或產品時，能引導大家不去做「模仿暢銷品的商品」，而是發揮自己這塊土地上絕無僅有的原創特色。我希望D&D成為這樣一個能協助整理並發展日本各地獨特性的網絡。

第二部
D&DEPARTMENT
的作法

在第一部當中，我說明了D&DEPARTMENT PROJECT的特徵——社群，經營的過程。一開始是想要表現自我，用自己的方式賣自己想賣的商品，但在接受採訪與籌備大阪店的時候，我重新理解到我們的視線最前方，其實有件更重要的著眼點——「社會」，於是我們開始從一個以興趣為導向的實驗企劃，轉向去摸索一個能與一般人一起思考「何謂好設計」的場所應有的模樣，第二部便是要介紹打造D&DEPARTMENT PROJECT的方法。

對我們來說，每年提高營業額並不是首要目的。話雖如此，為了讓消費者處在一個能實際購買的環境，從中去思考何謂永續設計，如果店舖本身收支無法支撐營運，這些企劃活動也就沒辦法進行下去。

以D&D作為事業內容之一，我已經累積超過十年的經營經驗，從中整理出足以供人參考的項目，分享給所有不管是想加盟D&DEPARTMENT PROJECT，或是想開一間像D&DEPARTMENT PROJECT一樣「傳遞想法的店」，抑或是想經營社群的人。我以Q&A的問答方式呈現，包含店舖地點、物件選擇、商品構成到店內舉辦活動的方法等等，都毫不保留地公開。這些都不是我聽來的事例，而是在親身體驗與不斷思考後歸納出來的內容。

Q 加盟D&DEPARTMENT的必要條件有哪些？

A1 能在社會／地方／自我／生意之間達到平衡。

想要開間「傳遞想法的店」的人，跟想開一般店鋪或咖啡店等的人，動機應該不太一樣。主動來徵求加盟（與直營店不同，由各加盟者自己經營的地方加盟店）D&DEPARTMENT（以下簡稱D&D）的動機，大致分成兩種：第一種是透過媒體得知D&D，並對於媒體所傳遞的印象深信不疑；覺得D&D這間店很酷，因而想成為其中一分子。對於這些人，我們通常會建議他先到各地方的D&D實際去看看，參加活動或讀書會。不過，這些人最後幾乎不會真的成為D&D的合作夥伴。

另一種人，則是對社會或所在地懷有問題意識，對於自己居住的地方所生產的東西，缺乏能夠好好販售的場所，或是年輕創作者沒有發表作品的機會等課題，他們希望藉由自己開店來設法解決。這樣的人，不用我們建議，多半已經來參加過多次D&D讀書會，甚至大老遠跑到北海道或鹿兒島店觀摩；有些人則是參考D&D的作法，開始著手尋找店面，或是已在當地自發性地舉辦過各種活動，對於成為加盟者，他們已經做好萬全的準備。

當然就後者來說，他們還必須理解到，經營一家店必定得經過一定程度的磨練。現在不論是製造產品或是生產蔬果的主力人口，逐漸移往為30～40歲，甚至更年輕的族群。這個世代的人，即使沒有從事過與設計相關的工作，還是會被這些很酷很有味道的事物吸引。如果想在當地開一間「傳遞想法的店」，就必須做到是會讓這些人想把自己生產的商品來這裡寄賣的地方。為此，更需要有機會讓這些加盟者與D&D密切地接觸，將我們的風格方式牢記在心。

然而，並不是有問題意識與品味就有辦法順利經營一間「傳遞想法的店」。我們至今有無數次與各地方的加盟者合作經驗，有時成功，也有時會鎩羽而歸。這些經驗讓我了解到要長久經營一間「傳遞想法的店」，就一定得要適切地維持「社會」、「地方」、「自我」、「生意」這四項要素間的平衡。

要經營一間「傳遞想法的店」，只考慮自己的人是絕對做不來的。得將較大比重的關心放在社會或地方上。然而，如果只一味為社會、為地方著想，而完全失去「為自己做」的意念，終究還是無法長久。經營者必須要有「享受開店的樂趣」這樣的心情。能將自己想做的事與對社會現況或未來的構想，以及所經營的地方、那一帶的人懷抱的情感，全部連結在一起才是最理想的狀態。既然要開店，有生意頭腦還是非常重要的，說到底還是需要直接面對客人、從客人身上賺錢，才有辦法持續經營。

但就實際的情況來說，包含我自己在內，以及所有D&D加盟者，沒有人一開始就能完美掌握這四點的平衡。但我想經營得越好的店，便越是接近這理想的平衡狀態。

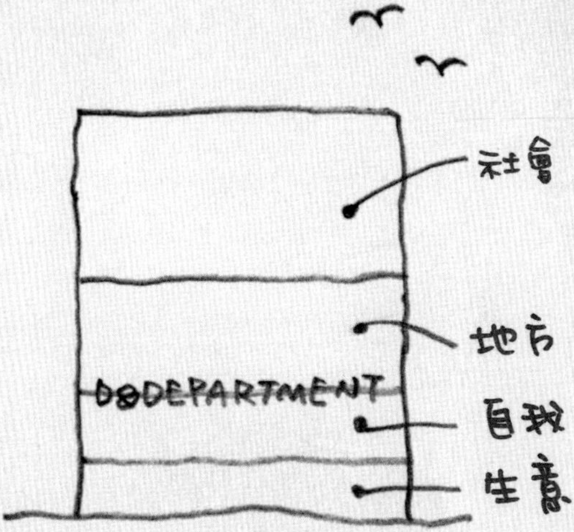

比重分配大致是這樣

A2

要有生意頭腦，及適合此業的人格特質。

在成為D&D加盟者之前，從最開始的討論到真正開店，需花上一到兩年的時間，見面無數次。彼此要成為夥伴、一起工作，這樣的準備時間是必要的。這段期間內，有時是請加盟者到總公司來，有時是我們到當地去，也會有一起到別的地方加盟店碰面，大家一同討論的情況。

要決定店面時，也一定會請加盟者一起前往。通常我們會請加盟者先大致挑過幾個物件，有時我也會在這階段就加入同行。曾經也有過已經進行到這個階段，但最後店沒有開成的情況。那是因為觀察了這名加盟候選人找店面時的作法及價值觀後，我認為彼此合作起來會有困難。根據選擇店面的方式，可以看出一個人對做生意、對計算成本的觀念，以及對自己的活動地區了解的程度。選擇店面時，要能清楚說出經營這間店，非這個地點不可的原因，且必須有相當的說服力。

有些是在當地與加盟候選人長時間相處，也較深入地認識了一個人。初見面時彼此講述夢想好不興奮熱烈，也認為一定能夠順利進行，一起打拚。然而，光靠夢想並不能讓事情順利進行，有時是漸漸得知對方對當地的想法、對其他夥伴的態度後，才了解到要一起工作的困難，不得不做出決定，中止合作關係。即使對方有充足的資金，也找到條件絕佳的物件，並展現出想開店的欲望，但我卻察覺到他並未掌握到「社會」、「地方」、「自我」、「生意」這四項之間的平衡。

要開間「傳遞想法的店」的人，多半能把員工、當地人拉進來一起參與、擁有被周遭的人愛戴的個性。說到底，一個人的人格特質還是最重要的。

A3

另有穩定收入的「本業」。

D&D網站上，詳細記載加盟所需的條件，包含了開店所需的實際費用以及商品進貨款項等等約3000～4000萬日圓，店面取得（承租或購買）費用也是必備的；

另外還得要付擔籌備期間的指導費、總公司人員的出差費用及保證金等。即使是對已在經營其他事業的人來說，這都是一筆需要相當決心的支出。

投入如此大筆的金額來經營一間我們所說的「傳遞想法的店」，就投資報酬來看並不划算。對D&D來說，店舖與咖啡區所賺的錢是為了拿來用在下一個活動上，基本上，這樣的經營結構是無法賺大錢的。

另一方面，一間「傳遞想法的店」最開始是為了提供社群聚集的場所而成立，然社群的建構並非一朝一夕。整間店與店裡員工，以及當地居民，還有遠道而來的客人，這些人與人彼此要建立緊密的關係，恐怕需要花上幾年的時間。最後的最後或許有辦法單靠D&D的收益來維持生計，但還是得要有其他收入來源的本業才行。

然而一旦店的經營上了軌道，多半也會為本業帶來漣漪效應。比如原本經營設計公司的人，開了D&D之後，會吸引許多人前來，因此而為設計公司帶來工作機會。我自己開店時是如此，而其他的加盟者也有類似的情形。我們無意追求大幅的利益，有這樣的發展也頗出人意表。結論是，我認為一名「傳遞想法的店」經營者還是要有這家店以外，且並非來自政府機關補助的收入來源。

擁有

其他本業

作爲基礎

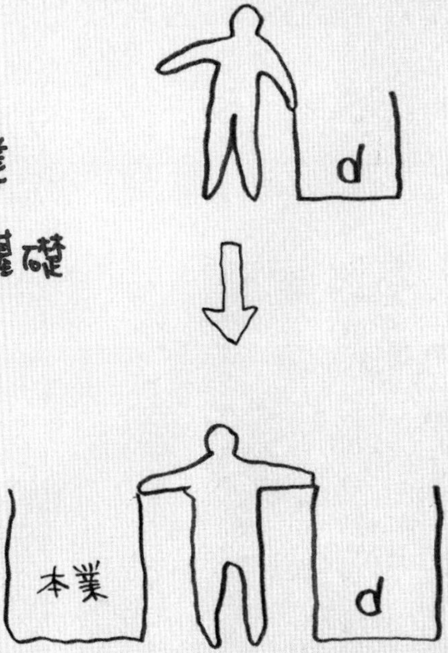

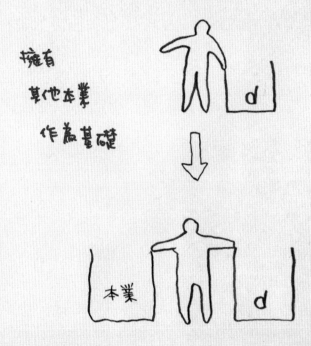

Q 選擇店面有哪些重點？

A1 「傳遞想法的店」最好位在交通不便的地點。

一間「傳遞想法的店」所在地點非常重要。D&D的店面，幾乎都位於距離最近的車站要徒步20分鐘，遠離人潮的地點。一般來說，任誰都不會選在這樣的地點開店，但我認為一間「傳遞想法的店」就應該要開在這樣的地方。

要去到交通不便的店，客人一定是從出門的那刻開始就有「今天要去那間店」的念頭，也就不會是在一無所知的情況下順路進到店裡晃晃。一個能與帶著高度意識前來的客人彼此充分溝通互動的環境，對我們這樣的店來說是很重要的。

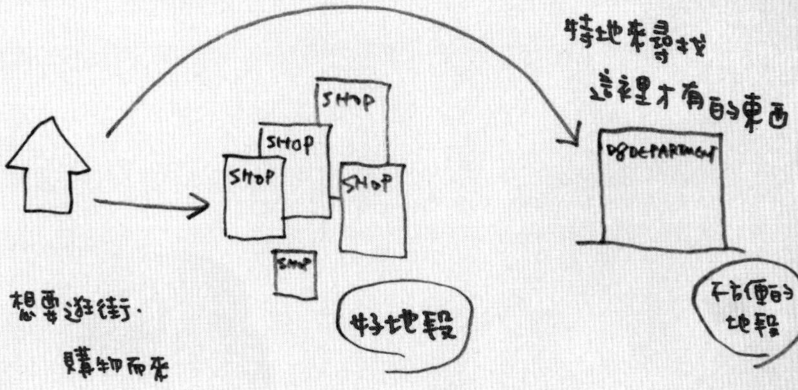
特地來尋找
這裡才有的東西
SHOP
SHOP
SHOP
SHOP
SHOP
D&DEPARTMENT
好地段
不方便的
地段
想要遊街・
購物而來

選在這樣的地點，即使占地寬闊也不怕房租太貴。像D&D這樣既有商品販售又附設咖啡區，還要舉辦讀書會或手作課等活動，寬闊的店內空間是必要條件。反過來說，我想不太到有什麼理由需要把店開在人多的地方。

在決定D&D東京店所在地的時候，我還沒有想到交通不便反而有這些優點，大部分是我在現在的地點經營了一陣子後逐漸發現的。不過，在開始經營D&D之前，我就已受到位在駒澤公園旁的咖啡店BOWERY KITCHEN的影響。它是一間雖然開在偏僻的地點，但過了凌晨1點卻一樣要排隊的咖啡店。

只要經營者的想法明確，不管什麼地段都還是能吸引到一樣擁有高度意識的客人，我是看了BOWERY KITCHEN的例子後如此確信，同時也加強我想要開一間店，吸引這樣的客人前來的念頭。

A2

人潮多的地段，反而更麻煩。

關於如何選擇店鋪的地段，我們也有幾次的失敗經驗。

2000年D&D東京店剛開幕不久，我們另外在日本橋的一棟商業大樓裡設立了一間展出「60VISION」的期間限定店，結果並不理想。當時這棟大樓本身也剛開幕，一下湧進太多客人，我們在接待時沒有辦法好好傳達自己的理念，即使是妥善地傳達了理念，客人也未必會購買。同是剛開幕的東京店還在想盡辦法吸引客人前來，但從投資報酬率來看卻是東京店較佳；因為來到東京店的客人，都是事前對店裡的商品有所認知，有目的地前來。

在立川車站大樓展店時，也同樣吃盡了苦頭。原因跟上述的商業大樓相似，但更大的問題是這裡是全年無休的車站大樓。東京店的工作人員經常利用店休的日子實地參觀自己負責的商品之製作工廠，但立川店的工作人員就沒有辦法去工廠見習，因此漸漸變得無法與製作者站在同一個立場去思考。另一方面，他們也將所有心思集中在如何提高營收，要說他們是D&D一員，更貼切的身分是推銷員，心態上的差異越來越大，也是可想而知。

就結果而言營收的確是提高了，但是要以這種狀態繼續經營下去，對我來說看不到意義何在。我們在做生意的同時，也必須要推動其他活動。正因如此，能夠掌控自己的步調節奏這點十分重要，有太多限制的地點是無法做好的。

A3 尋找不需大幅整修就能直接使用，令人舒服自在的空間。

在東京以外的地方，要找到適合D&D的店面，並不是件容易的事。在大阪或札幌那樣的大都市，最終找到還算符合「傳遞想法的店」所需條件的物件，但越是往地方城市而去，就越難找到接近理想的店面。地方城市通常商業區與住宅區涇渭分明，一離開商業區就幾乎找不到能租賃的物件，這是原因之一。即使如此，我們還是不願妥協，耐心等候奇蹟的出現。

加盟店的店面，通常請位在當地的加盟候選人先大致挑選。除了透過房仲公司取得相關資訊之外，據說有很多人是靠著雙腳在日常生活的街上走走看看來找尋合意的物件。然而考量到當地市場規模與品質的情況下，又必須要滿足大小適中、租金合理等條件。

也有些加盟候選人一心就想要有Ｄ＆Ｄ東京店或大阪店那樣的大規模，怎樣也無法丟開先入為主的印象，但他們沒想到真正重要的，是讓這間「傳遞想法的店」長久地經營，如果把看起來很酷這件事擺第一，就無法讓整體達到一個平衡狀態。但另一方面，舉辦讀書會或其他活動所需要的空間又是絕對必要的。假設讀書會預計開放１００人參加，店裡就必須要有能放得下１００張椅子的空間，而且還得要有回到平常營業的狀況下，可以收納這１００張椅子的地方。

此外，為了不讓用在開店上必要的資金過高，就得要找到不用大肆整修就能使用的地方。最理想的是已用了十年也不覺得老舊、有味道的中古物件。我們找的，通常是只要拆掉天花板，再自己以油漆刷白就能用的建物。另外千萬不能忽略的重點是空調

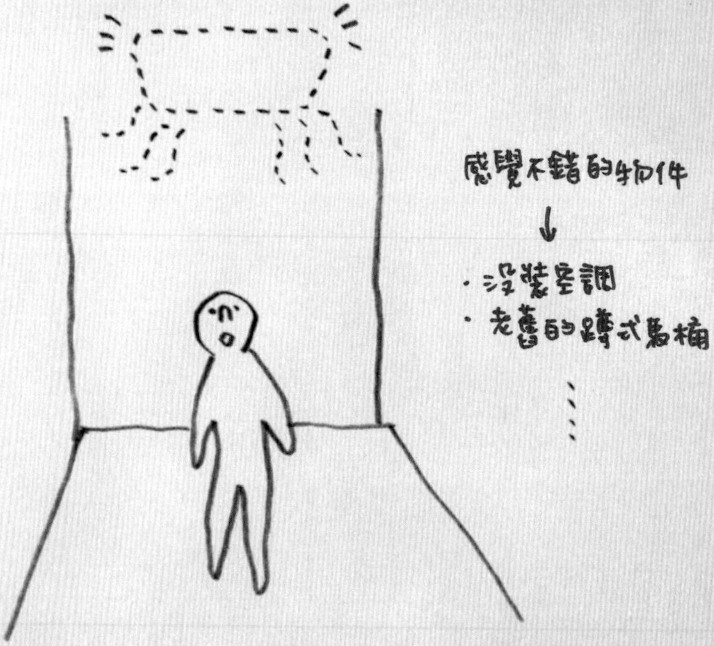
感覺不錯的物件
↓
・沒裝空調
・老舊的蹲式馬桶
⋮

跟廁所。像倉庫之類的物件空間寬敞、氣氛也好，但大多數沒有空調所以不適合，畢竟光是安裝商用空調就要花上數百萬圓。而老舊建物較多是蹲式馬桶，因為設有咖啡區，就得換成座式的。

另外一項我會重視的，是空間的開闊感。像現在的東京店當初一眼就打動我的就是它看起來比實際上更為寬敞。所謂的開闊感指的不是物理上的具體條件，只能說是一種感覺，包括了明亮度、天花板高度、周圍環境等等，這些都會帶來具體影響。通常都會認為店面窗戶越少越好。因為窗戶多會導致商品遭受日曬、蚊蟲灰塵入侵等困擾，一點好處都沒有。但我們的東京店就有一側幾乎整面都是窗戶，因此營造出悠閒自在的開闊感，對於呈現D&D想傳達永續設計的理念有推波助瀾的效果。

我跟D&D的加盟者也是以此為基準一起四處尋找店面。偶爾也會意見相左，但當我可以理解對方想法時也會選擇退讓。比如D&D靜岡店的加盟者非常堅持一定要在看得見富士山的地方，但因為靜岡市內，富士山會被四周的建築物遮住，最後終於找到滿意的，是位在田中央的物件，連我都認為這個地點實在是不可行。然而現在的靜岡店已經有穩定的客源，甚至因為它的漣漪效應帶動四周，附近還陸續開了時髦的寵物店等。要相信當地經營者的直覺，這也是我們透過經驗學到的。

Q　怎樣的店內設置可以吸引人？

A1　把最好的位置留給咖啡區。

D&D加盟店的合作條件之一，是店裡必須附設咖啡區；而咖啡區的位置，一定是擺在整個空間中最好的位置。他們可以選擇像東京店以D&DEPARTMENT DINING來命名，也有些加盟店是邀請當地原有的咖啡店進駐。不管是什麼樣的形式，重點是希望以當地製作的器皿，盛裝當地採收的食材做成的餐點提供給客人，希望這裡能成為當地人之外，遠道而來的客人也會喜愛的場所。

對D&D來說，咖啡區的存在是為了吸引原本對永續設計不感興趣的人，也能放鬆心情上門。另外，咖啡區也能成為整家店穩定的收入來源。只要咖啡區成為該地區居

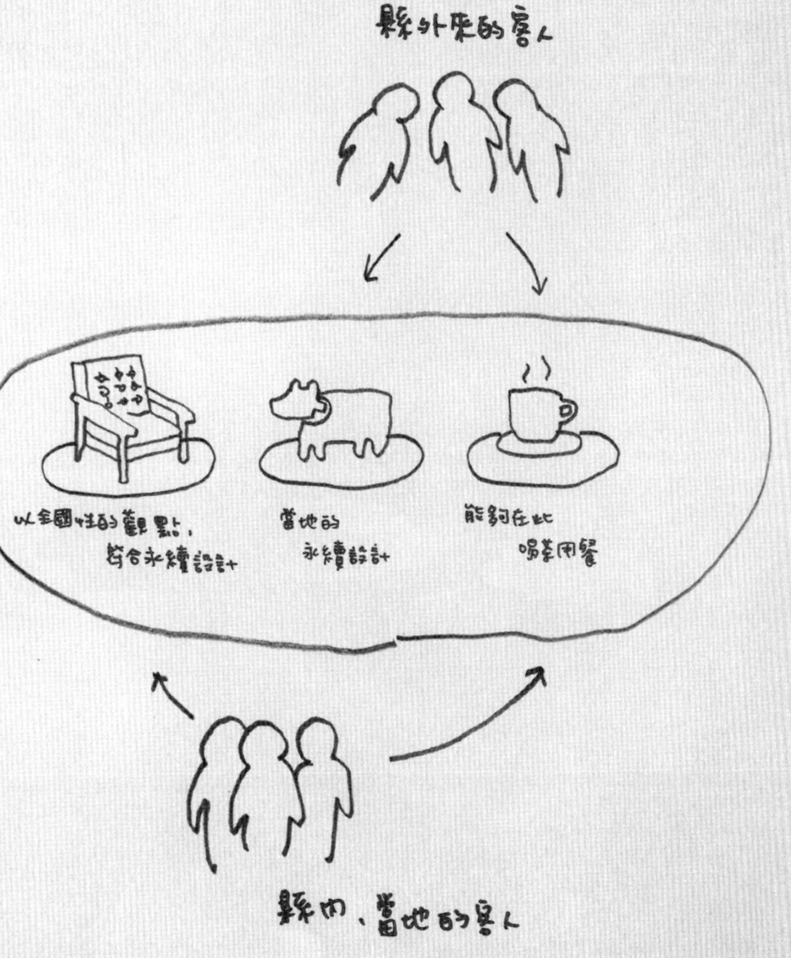
縣外來的客人
以全國性的觀點，
符合永續設計
當地的
永續設計
能夠在此
喝茶用餐
縣內、當地的客人

民固定活動的場所，營業額就不會有太劇烈的上下波動。除了常客會固定出現之外，偶爾光顧的客人人數也會逐漸穩定。沒有人會想每天去逛家具店，但如果是咖啡店就可以天天上門。或與三五好友一起，或是獨自一人閒晃經過時走進去，在這個地方我們用心經營布局，希望能促進各種交流的發生。

靜岡店雖然位於交通不便的地段卻能經營得如此成功，也是因為經營者果決地把店內一半的空間用來作為咖啡區。在我們的構想當中，咖啡區頂多占整間店的三分之一，但聽說靜岡人比起購物更願意花錢吃東西，而靜岡店的經營者原本就在當地經營餐飲業，因此擁有這方面的技術知識也是他的強項。只要因咖啡而來的客人對D&D的其他活動企劃感興趣，進而對永續設計、日本的產品製造產生關心，一樣能達成我們的目標。

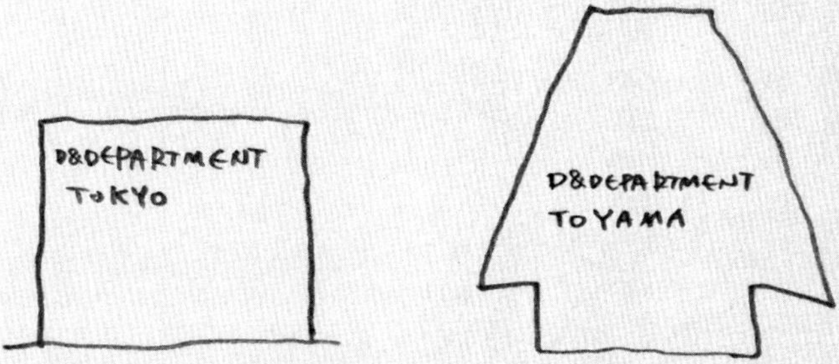

不複製東京店，
而是打造屬於
當地的場所。

A2 在全國與當地的基本商品之間取得平衡。

D&D的商品組成，有由總公司選品的「全店舖共通的永續設計商品」，以及從當地物產中所選定的「各店獨立選品的當地永續設計商品」，目標是讓兩者各占一半的比例。一間「傳遞想法的店」不僅要能被當地人喜愛，更應該要具有該地代表性，所以不該僅是一味仿造東京店，而是成為客人能接觸到結合當地特性的優秀設計商品之場所。為了同時滿足當地人及外地來的觀光客，我們以「兩者各半」為選品目標。

現在，各加盟店都有個「NIPPON VISION」的專區陳設當地才有的特色產品。對於當地的居民來說，這個專區所展售的商品，是日常生活當中理所當然會出現在身邊的，然而經由D&D篩選、陳列之後，或許會發現全新的價值；有些則是連在當地都難以到手的商品，成為「NIPPON VISION」的基本商品。

當然，對於剛成為D&D加盟者的人來說，要馬上在當地蒐集到優秀的永續設計商品，意外地困難，通常剛開始幾乎都是與東京店相同的商品種類。我們也會在店鋪籌備期間到當地，與當地D&D的工作人員一起去拜訪地方產業的工廠或創作者的工作室，一起為不久之後成立的加盟店選品。漸漸地當地工作人員也能掌握到選品的概念，全店共通與當地特有的產品比例，從九：一循序轉變為八：二、七：三。相信在這樣的努力之下，能夠讓傳承整個地方特性的永續設計商品更長久廣泛地被了解喜愛。

A3 讓客人每次來店都能有新鮮感。

經營一間以永續設計為訴求的店，我們需要特別用心的是持續為賣場帶來變化。永續設計指的是不被流行左右，能長遠地一直持續銷售的設計，對客人來說，不管何時去到D&D，裡面都賣一樣的東西。即使他們明白這件事的意義，但永遠都一成不變的店，是無法讓客人心生想再去一次的念頭，這裡便是需要下工夫的地方了。

從這個角度來看，二手商品提供了賣場獨特的變化元素。幾乎所有二手商品都只有單件，不知道下次何時能再進貨。我自己去加盟店的時候，最大的樂趣就是看店裡擺了些什麼樣的二手商品。二手商品的優點是進貨價格相對低廉，也就比較沒有庫存的壓力，此外還能似有若無地看出每個地方的獨特性，最重要的是能讓有價值的設計繼續被使用，這點也符合D&D的宗旨。

在店裡販賣書籍、CD，也是因為它們能替賣場帶來變化。或許有人會認為跟永續設計這個關鍵字並不相符，但在選購永續設計的日用品時，小說、音樂這類滿足心靈需求的商品，就現實層面而言也是必須的。

另外，將店內牆面作為畫作展示區，也是讓賣場有所變化的方法之一。在東京店，我們還有每兩週進行一次相當大規模的內部擺設調整。這樣的調整，除了給客人新鮮感，其實也是為了現場的工作人員。一直販賣相同的東西，任誰都會感到厭煩，透過擺設的調整，常常能重新發現商品的魅力。

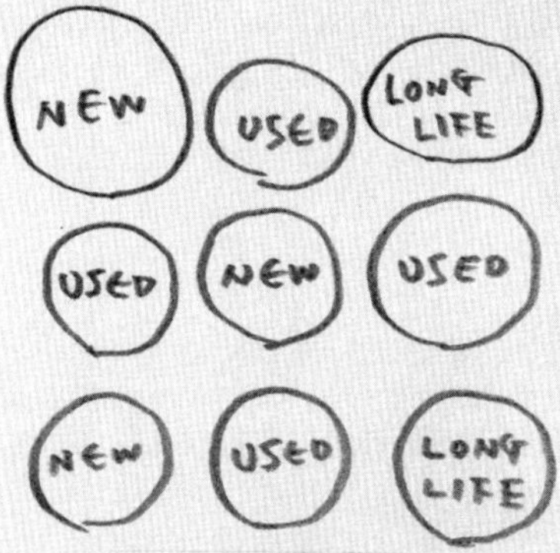

USED

帶來基本商品

所欠缺的新鮮感

LONG LIFE

的基本商品，

客人與店員都會看膩。

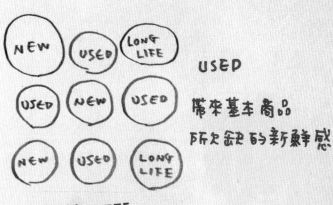

Q 如何選擇店裡販售的商品？

A1 徹底調查與商品相關的所有資訊。

我們販售的商品，是透過五個基準來選品，分別是「了解」、「使用」、「照顧」、「修復」、「永續」。

首先「了解」的部分，指的是充分了解製作產品的人或背景。對我們來說，販賣商品是要將製作者的想法與態度傳達給消費者。更進一步來說，商品與金錢的流動只是其次，最重要的是將寄託在產品上的理念得以完整傳遞。如果可能的話，讓客人與製作者實際碰面，彼此了解是最理想的狀態，但這實在難度太高，所以我們才會需要用盡心力去工廠參觀採訪，並透過D&D這個場所，讓這些想法理念能夠透過我們的語

了解
照顧
使用
修復
永續
D&DEPARTMENT

言傳遞給客人。

參觀工廠大多是利用店公休日，但也有在營業時間內去參觀的時候。在營業日關店去的話，當然就會影響業績。對工廠而言，要接待這一堆不認識的人，想必非常麻煩。但越是製作好產品的工廠，越願意跟我們說明。他們通常都會將不習慣面對人群的問題擺在一邊，用心地接待我們。因為越是努力做出好東西的人，想傳達給他人的心情就越強烈。我們實際感受到，這些製作者的產品因為想法能夠傳達給賣場工作人員，結果也都賣得比較好。

相反地，當然也有明明東西做得很好，卻不願意讓我們參觀工廠的廠商。我想他們應該是有些不能讓外人看到的企業機密，但在完全不了解製作過程的情況下，別說是我們，任何銷售者都無法向客人傳達商品的好。

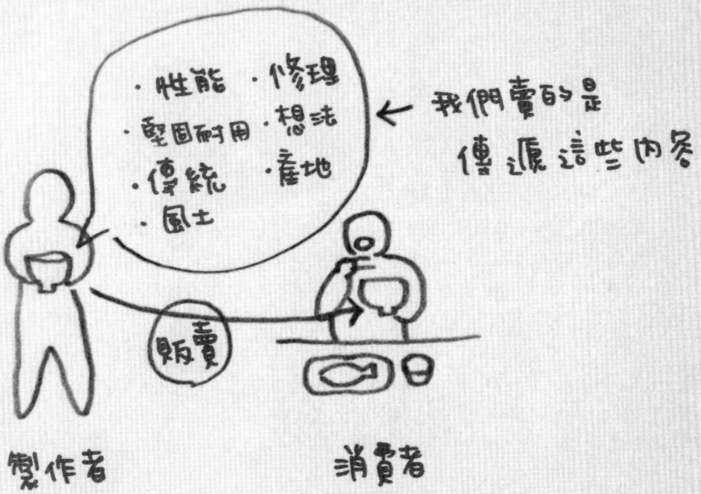

·性能 ·修理
·堅固耐用 ·想法
·傳統 ·產地
·風土
我們賣的是
傳遞這些內容
販賣
製作者
消費者

A2 實際使用過後，清楚掌握問題所在。

「使用」指的是實際去使用商品。外表看起像是符合永續設計，但機能不完整的商品，終究無法長存。一件商品我們會實際使用半年至一年，測試它的設計究竟是不是耐用。

日前，我拿了一個琺瑯密封罐來試用。它是一個木頭蓋上有密封墊，非常簡單的密封罐；然而一放進冰箱裡，那蓋子就會掀起而無法達到密封的效果。或許在說明書上清楚寫著不能放進冰箱，但是這種容器總是會有人想放進冰箱裡來用。只顧外觀的設計，未從使用者的立場出發，實際用起來會有問題的話，就稱不上是永續設計。於是我們向製造商提出建議，請他們改良。從外觀上，我們很難分辨出一件產品究竟是好看的雜貨還是永續設計，而這種情況下，也可以從製造商的應對方式，探知他們對於產品製造的認真程度。

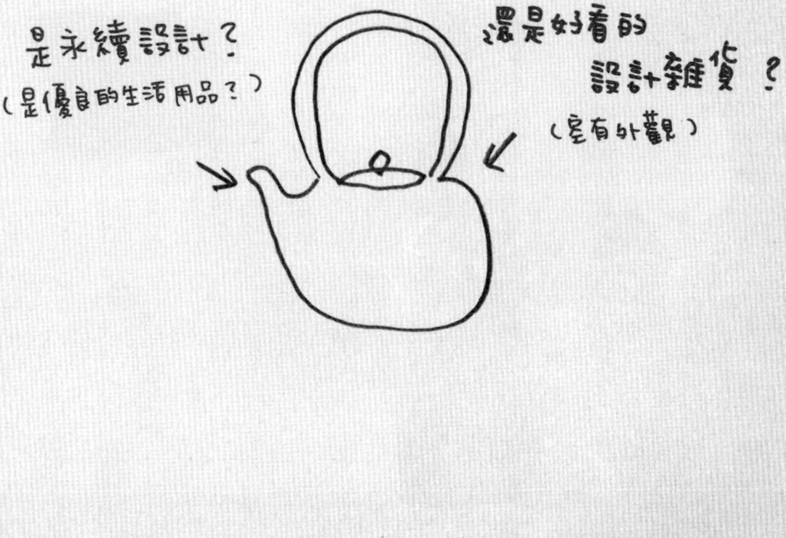
是永續設計？
（是優良的生活用品？）
還是好看的
設計雜貨？
（空有外觀）

現在我正在試用一把獲得G-Mark的削皮器。功能上無可挑剔，造型簡潔，但有點過分好看，已不能說是機能美了。我想像十年後自己是否還能一樣地喜愛它使用它，老實說我沒有信心。店裡究竟要不要賣這件商品，讓我非常傷腦筋。「照顧」指的是，消耗品除外，「我們不賣自己無法照顧的商品」這樣的原則。我們也碰過去工廠聽完說明，使用上也確認沒問題，但在最後大家討論時提出「無法照顧」的結論。原因可能是它太容易刮傷受損，而失去商品的價值。D&D基本上是二手商店，堅持好設計應該堅固耐用，安全又好看，修理過後可以持續使用；也就是說我們從不要的人手中接下後再拿來賣，還是會有人想要；若是我們無法照顧的商品，就會判定為「非好設計」。

A3

確認是否能夠修理、不會變成停產的絕版商品。

「修復」指的是能夠經過修理復元之後繼續使用。D&D裡設有維修專櫃，有些商品可以直接在店內修理。雖然店裡已備有完整的工具跟零件，但有時也會碰到像椅腳上的滾輪等，一旦壞了就很難修理的狀況。

從前幾乎每家製造商都會受理自家產品的維修需求，然而現在的製造商幾乎都不再設立維修部門，故障了就直接換新品給客人的情況變多。也曾遇過優異的設計而廣受好評的商品，因為製造商無法提供維修服務，我們無法販賣的狀況。

最後「永續」則是製造商會持續生產的意思。如果已經能預知短期之內就會絕版，便稱不上是永續設計了。在一堆壽命短的東西團團包圍之中，人是沒辦法好好生活的，我們需要可以一起共度漫長時光，一起堆疊累積各種回憶的物品，正因如此，如果製造商少了一份想一直製造下去的用心，總會令人感到失落。

我們會將達到這五項基準的商品陳列在店裡，觀察幾個月之後會再討論是否要它歸為基本商品。如果遇到客訴，我們也會向製造商反應。與其不斷開發新產品，賣完就算了，這樣的銷售效率並沒有比較差。店裡原本就有許多候補的品項，也有廠商自薦的商品，隨時都有五十件以上的產品等著要上場。

我可以很肯定地說，如果只販賣永續設計是無法經營下去的。即使如此，我能夠很切實地感受到永續設計的價值觀已慢慢生根，想買這種商品的客人漸漸增加，這個意義是更重大的。

A4 失敗當中還是要繼續選品。

因為有這樣用心的選品過程，我們發現了許多越深入認識越令我們感到敬佩的廠商。比如Karimoku，雖是大企業，但每一個員工都抱著高度的意識來製造商品。只要申請參觀工廠，即使只有一個人，他們都願意接待。比起有效率地販賣商品，他們更希望能夠好好地把商品交到客人手中，這樣的意識貫徹在每個人心中。

另一方面，有一家我們曾經手的英國層櫃廠商，他們的商品充分滿足前述的五項基準，我們去到當地工廠參觀時，他們也盡力說明商品的優點，我想他們應該也是因為認同我們的做事方式，才答應與我們交易；然而後來因為沒辦法達成對方預期的業績，最後停止供貨。因為是合約上明定的條件，也沒辦法，但還是覺得很可惜。那感覺就像是兩情相悅的情侶結為夫婦後，卻因為丈夫收入太少導致離婚。

另外，某設計家電品牌看起來實在是很棒的商品，我很確定他們一定會成為永續設計，然而產品問題百出，最後我們不得不停止銷售。比如說咖啡機的樹脂味久久未消的問題，雖然製造商已依我們的要求改善，但無法完全解決。原以為是認真的設計，結果發現只是好看的雜貨而已。

在日本，「設計」這個字有時也讓人感覺是浮誇表象的東西，但在北歐等國家，冠上「設計」一詞，通常指的是真真切切、高品質的好東西。雖然大家常說日本是設計大國，但「設計」的意義與歐洲國家不盡相同。我真切地希望設計這個詞在日本被使用時，也能被賦與更不同的意義。

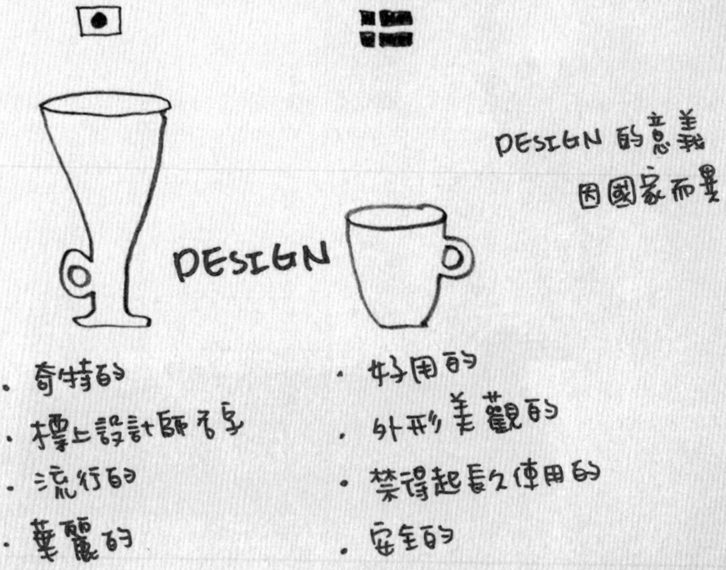
DESIGN 的意義
因國家而異
DESIGN
・奇特的
・標上設計師名字
・流行的
・華麗的
・好用的
・外形美觀的
・禁得起長久使用的
・安全的

Q 關於陳設與販賣方式，有什麼需要注意的地方？

A1 不以不自然的商品陳設誘使客人衝動購物。

在偌大的餐桌上擺著數人份的餐墊，並擺上鮮花及大盤子，極盡華麗的陳設手法，這種如夢似幻的場景，不會出現在D&D店裡。對一間「傳遞想法的店」來說，真正重要的是販賣那些實際可以使用的物品，並以實際使用的方式呈現。否則就算給了客人過度美化的夢幻場景，誘使他們衝動購物，但這種情況之下買的東西，是不會被長久珍惜使用的。

D&D店裡的陳設都是由店裡的工作人員著手進行。我常對他們說：「要避免煽動客人衝動購物」。即使如此，還是會看到他們在不可思議的地方裝飾著花之類的情形，我想這是因為他們一心希望讓商品看起來更棒更好。然而，這等於是在賣一種氛圍，如此一來商品與客人之間的關係，便無法長久。其實我們也曾經對要買東西的客人說：「我覺得您可能不需要買那件商品」。或許是我們多管閒事，但對於衝動購物所買下的東西，因為沒有太多想法，也就一定不會產生任何眷戀，或許馬上就會把它丟掉，或是輕易地送給別人；就算買的是永續設計商品，但是人與物雙方關係無法長久也就沒有意義。

關於商品呈現的方式，我們追求的是創造出一個「契機」，讓客人發現那是生活中實際可以使用的東西，我們不以脫離日常生活的表現手法來展示，也不會在商品上打聚光燈。

另外，比起直接把家具放在水泥地板上，先鋪上一塊地毯再放上家具之後，客人的反應也截然不同；畢竟因為沒有人的家裡會是光禿禿的水泥地。在D&D開幕之初我們沒有注意到這點，而在空曠的空間當中展示家具，卻一直百思不得其解，明明商品及展示方式這麼酷、這麼有味道，東西卻賣不出去，為此我們非常煩惱。

陳設的祕訣，在於營造出生活在其中的具體情境，讓客人進入狀況。這是我在剛開

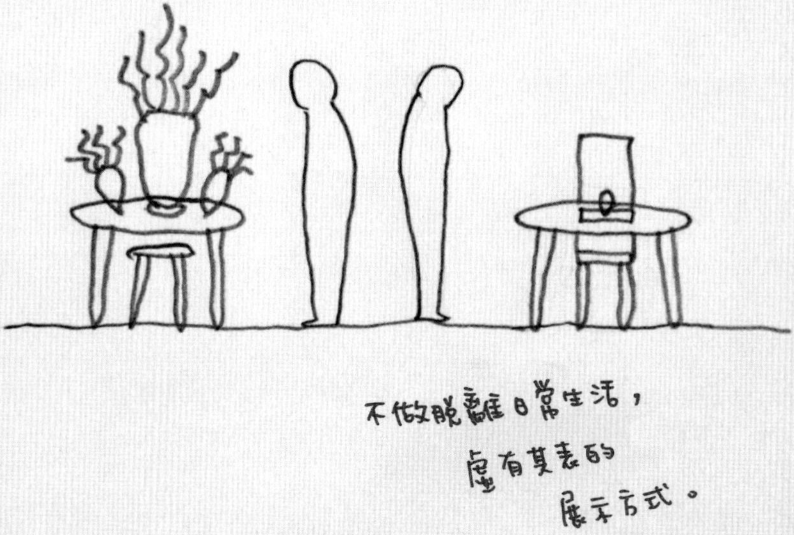

不做脫離日常生活，
虛有其表的
展示方式。

始經營D＆D之時，到許多家具家飾店研究之後發現的。專業的室內陳設，什麼地方該放什麼東西都是有意義的。

賣出商品之後，就等於這件東西從D＆D獨立，跟著客人一起開始新的生活。我們帶著「你這傢伙，沒問題吧？能跟著這個人好好生活嗎？有辦法建立起好關係嗎？很好，那就去吧！」這樣的心情把商品送出門；面對客人，我們也很想跟他們說：「這傢伙其實個性是這樣那樣……」，讓客人在徹底了解下才購買。聽起來理所當然，但對一間「傳遞想法的店」而言是要更確實地執行的道理。

A2 利用二手商品營造賣場氛圍。

如同先前在說明商品組成時曾提及，如果只是把永續設計的商品擺在店裡，無法為賣場帶來變化，但只要在其中放進一件二手商品，整個空間便有煥然一新的感覺，也可說是打開客人心門的一種技巧。

D&D經手的二手商品，幾乎都是從當地的資源回收店買來的。它們在數十年前被製造後，歷經各種不同的生命歷程，最後被擺在資源回收店裡，再被D&D的工作人員發現。在資源回收店買進商品，我們稱之為「救援行動」。萬一這些東西在資源回收店也沒能賣出去，最後就只能被銷毀，而我們的救援行動則是讓這些東西再次回到世界上繼續流通。

將一件已充分使用過的二手商品放在擺滿新品的賣場中，二手商品看起來也生意盎然。對於新品來說，永續設計的二手商品，就像是凱旋榮返家鄉的前輩一樣。彷彿可以聽見新品這麼說著：「好酷喔，我們也希望能變成像前輩那樣。」然後二手商品也回道：「你們老了也要像我這樣啊。」兩者共同在店裡營造出獨特的氣氛。

在D&D裡，二手商品就算稀少珍貴，我們也不會哄抬價格。因為不管稀有與否，它們全部都一樣是永續設計。把新舊單品一起擺在店頭，我想應該更可以傳達我們的理念，讓優質設計的價值更深植人心。

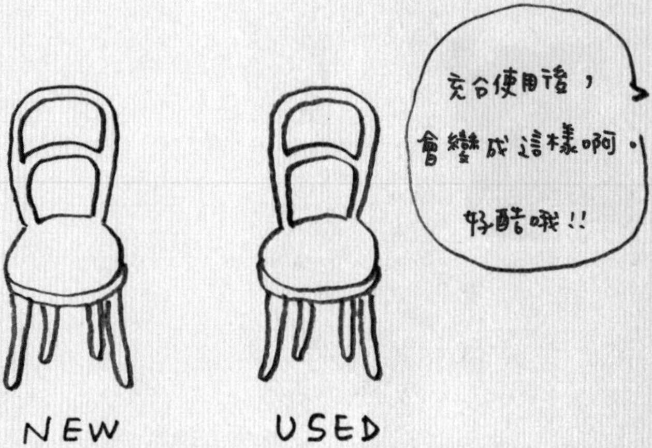

在新品之中擺進中古貨，

也是一種永續設計的作風

A3 找到最適合商品的展示櫃。

開店初期，店裡的展示櫃也是我們在資源回收店買來的家具，它們本身也是商品。因為我們是以永續設計為主題的二手商店，於是就沒想過要買新的，也就是說，當初的想法是不需要有所謂的展示櫃。

然而二手家具本身很受歡迎，只要一賣出去，就得把裡面擺的商品全部拿出來塞到別的櫃子裡去。但一方面也是因為一直找不到合適的展示櫃。

終於，我們開始用灰色工業用鐵架作為展示櫃。工業鐵架因為沒有專利，有很多廠商在生產，使得價格便宜，隨時都可以補買到相同的東西，能夠彈性搭配店內的商品組成之外，也十分耐用，對我們這樣的店來說是最適合不過的，雖然將它組合起來是耗體力的大工程，但只要有人手就不是問題。

但要特別注意的是，也還是有不適合放在工業鐵架展售的商品。舉個極端的例子，在工業鐵架上展示價值五百萬圓的鑽石，絕對沒有人會認為它值那個價錢吧。如果把安恩・雅各布森*設計，價值數萬圓的燈放在這樣的鐵架上，也一樣賣不掉。也就是說展示架與商品的價格，也有合不合適的問題。只是在鐵架上擺一片天然木板，商品的銷售方法又瞬間變得不一樣了。這不是美觀與否的問題，而是適切傳達商品價值的手法。身為一間「傳遞想法的店」，不能遺漏這些細節需要的用心與努力。

A4 與其下折扣或特賣，不如給予附加價值。

對於在店裡設置折扣區，或是換季時舉辦商品特賣會，雖然都是吸引客人、提高業績常用的手法，但我還是對此感到疑惑，覺得那只是店家操縱價格或時機等因素，促使客人買下自己不需要的東西。

現在因為「公開定價」的趨勢下，已經很少見這樣的作法，但我至今仍然很喜歡

「廠商期望零售價」這樣的想法。所謂「廠商期望零售價」，是指開發製造該產品的廠商本身所認為最合適的產品價格，傳達出：「這件商品有這樣的優點，所以請接受這樣的價格」。然而公開定價，反應的則是市場期望的價格。而量販店破壞價格的策略，也是這種定價方式帶來的影響。

打折或低價化，對消費者來說是好事，但這之間必定也會有所失去，比如對物品的感謝之意，對製作者的敬意等等。COMME des GARÇONS的川久保玲女士曾說：「有意義有價值的東西當然昂貴」。我也贊同她的說法。我認為身為銷售者必須要認真思考因為便宜賣而失去的意義。像是時尚業，因為有著鮮明的季節，需有每季的潮流變化，因此每年需要兩次的折扣消化所有庫存。這樣的作法，從設計與人的關係來看，是種無比殘酷的體制。

然而，既然是買賣商品，就現實面來說，一定會遇到大量庫存的問題。那麼，這些庫存要怎麼處理呢？我們不該只是以降價換銷量，而是找出商品附加價值並確實傳達

編註：安恩・雅各布森（Arne Jaconbsen，1902〜1971），丹麥知名建築、家具設計師。

只要有庫存，
就難以避免
折扣出清的活動
SALE
思考新型態的
SALE

給客人，取代折扣的形式。

便宜賣只是讓物品流動罷了。廠商或店家只是在賣東西，消費者也只是買了東西。當然，客人可以在打折時以較低的價格買到自己真正想要的東西，我也覺得很開心。但是每一次購買都是確實地「買好物」，這樣千迴百轉好不容易到手的東西，也才會真的停留在生活中、停留在心中。一間「傳遞想法的店」，必須是給人這種感受的地方。

Q　二手商品要怎麼進貨與銷售呢？

A1　從資源回收店進貨，就像是在進行草根運動。

D&D東京店，是以販售永續設計的二手商店起家。雖然現在也增加了不少符合永續設計定義的新產品或復刻產品，但至今中古貨仍然是我們商品結構中的大宗。

在各地方的D&D加盟店也一定有二手商品。偶爾會從東京總公司進貨，但我們認為由各店的工作人員在當地的資源回收店進貨也很重要。在籌備期間，我有好幾次跟當地工作人員一起巡遍當地的資源回收店，也讓我再次確定開一間二手商品店的目的，並在這些店裡尋找適合D&D的中古貨。

因為是把從資源回收店買來的中古貨，放在自己店裡販售，沒有辦法靠這些東西賺取多大的利益。即使如此我們還是堅持要這樣做，原因之一是先前所述，它們在店裡扮演著重要的角色。原因之二，是希望我們的行為，可以改變當地資源回收店的想法。

各地的資源回收店，可以說是當地要被丟掉的物品最後的買賣窗口，如果連這樣的店都不收購的話，東西幾乎就是要被丟棄。就算他們收購了卻一直都賣不出去，最後還是被銷毀。但是我們從永續設計的觀點，將這物品從資源回收店買來，就能讓它回到循環的路上。只要讓這些資源回收店的業者理解到就算在自己店裡賣不掉，也可以賣給我們，他們就會開始進相似的物品。要說是教育資源回收店也許太誇張，但我認為這是創造出「不讓好設計淪為垃圾」觀念的草根運動。

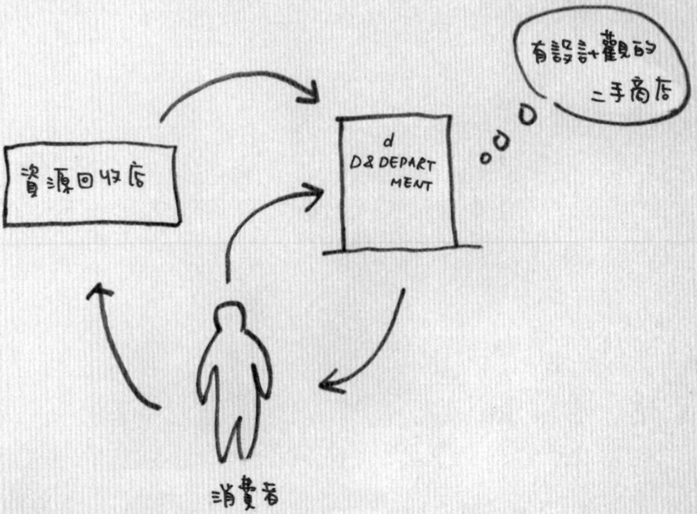

資源回收店的意識
能夠改變整個街景

A2

在資源回收店進貨，絕不劈頭殺價。

我為了進貨常去的資源回收店，在東京近郊有三、四十間左右。我會開著車巡迴，當場買了就帶走。這樣的作法簡直就像「不帶魚群探測器出遠洋去捕魚」，但除此之外別無他法。就算打電話到資源回收店去詢問，我們想找的是怎樣的商品無法用言語表達，對方也未必能理解。

那麼，究竟什麼樣的東西才是符合D＆D感覺的中古貨呢？要是可以將採購標準寫成文字就好了，但實在是說不出明確的定義。不跟流行也不太考慮到必要性；品牌或設計師的名字只是參考，不是絕對必要。外形、材質、完成度、功能等，整體而言是否能稱得上是永續設計，能否融入生活中持續使用，這些如果要說是基準也許可以算得上是吧。難以維修的電器產品或是有輪子的椅子等，基本上我們不會進貨。

在與資源回收店溝通往來時，我最注意的一點是不要一開口就殺價。有一次我跟加盟店的工作人員一起去資源回收店進貨時，那位工作人員面對第一次見面的資源回收店店主劈頭就殺價。對他本人而言，盡可能便宜進貨就能提高利益，而且最後可以用多低的價格成交，或許也有其中殺價的趣味。然而在交涉價格的同時，買賣雙方之間的關係，瞬間轉變成單純的生意往來。

客客氣氣地依對方定的價格購買，才能產生超越店家與客人的關係。之後每次去到那間資源回收店就越來越輕鬆，買十次，對方可能會有一次主動打折。像這樣的關係，在自己實際開始賣東西之後，或許就更能理解箇中道理吧。禮貌地與對方建立關係，我在設計旅遊誌《*d design travel*》的採訪時也是持相同的態度。

除了資源回收店，有時也會一次買下飯店或是企業淘汰的家具。有越來越多相識的建築師或室內設計師在接改裝的案子時，會通知我有家具可以接收。裝潢業主也會很高興，因為原本得付清運費處理的東西還能拿來賣錢。不過因為現場正在拆除施工，人家會希望我們趕快把東西拿走，沒有時間可以一張一張挑選，有次還開貨櫃車到現場清運，一口氣買下幾百張椅子。一下買進這麼大量的家具，得經過整理後才能販賣，恐怕沒有別人會這樣做了。這些大量買進的中古貨，會分配到各加盟店去銷售。

A3 看清物品真正的價值才定價。

要替二手商品定價，真的是一件困難的作業。以D&D來說，我們在資源回收店買進的價格與我們店裡販賣的價格，兩者基本上沒有關係。以資源回收店的商業模式來說，通常是進價加上幾成之後制定出售價；若是骨董店，則是綜合了年代、稀有度、市價等因素來決定售價。D&D的作法跟骨董店比較類似，我們希望透過思考之後，依商品設計的本質來重新定義它的價值，也就是說店主認為「這樣的設計應該以這個價格在市面上流通」的期望價格，就會是店頭的售價。當然，我們不會把流行視為附加價值往上加，而是定出符合我們認定的價值作為售價。

那麼在我們的定價過程中，究竟有沒有邏輯可言？「我不知道其他人懂不懂，但你是有這個價值的」。對於二手商品，我們抱持的是這樣的態度。當然在店裡客人詢問價格時，我必須要能夠具體說明理由。而相同的邏輯，也需要各地D&D工作人員共同理解。正是因此，我才會跟加盟店的工作人員一同走遍資源回收店。

開著車到資源回收店採購貨物再搬回店裡，其實是很辛苦的勞動，這麼大費周章卻未必能獲得相當的回報，但這並不只是採購，而是救援活動。雖然是一步一腳印的工作，但只要能讓該地方的人對於設計的想法，稍微往好的方向去發展也就值得。

A4 對於舊的物品，可以 Good Design 作為參考。

D&D自2000年開始，展開一項名為「60VISION」的企劃。這是一個重新認識1960年代日本製產品的美好，並將它們推廣成為當代基本款的活動。1960年代，是一個眾多日本設計師參與開發世界共通商品，有許多美好設計因此誕生的年代。不以暢銷為目的，而是探尋普遍需求的態度，在當時清晰可見。

1960年代的設計有非常多優秀的產品。我之所以會注意到，是在2000年開始經營D&D之前，我在資源回收店搜集好設計的時候。後來考慮要作為D&D咖啡區的椅子來使用的，是1960年代Karimoku所生產的椅子。我找到的椅子本身缺了一個螺絲，所以向Karimoku詢問，才發現該產品並沒有絕版。

自從我開始在D&D擺售這張椅子，不管是在店裡或是在雜誌等媒體上曝光，都十分受到注目。於是我們與Karimoku合作，成立的「Karimoku60」這個品牌，這也是「60VISION」的起點。希望讓1960年代的設計重新復甦的活動，之後也陸續有ACE、BNoritake、BMARNA等眾多國內品牌加入，擴大活動規模，有的是復刻絕版商品，也有重新照亮長久以來沒受到注意的商品。如果當時我沒有在資源回收店遇到那張Karimoku的椅子，大概也就不會開始「60VISION」的活動企劃了吧。

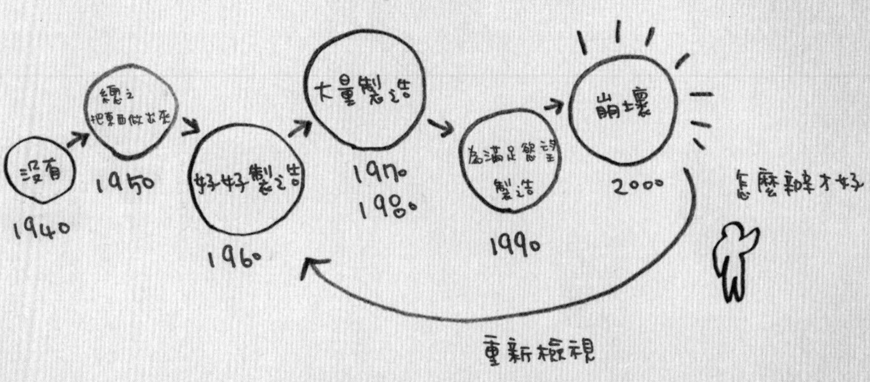

沒有
1940
總之把東西做出來
1950
好好製造
1960
大量製造
1970
1980
為滿足慾望製造
1990
崩壞
2000
怎麼辦才好
重新檢視

Q 關於提袋設計的想法？

A1 貫徹不設計的設計。

D&D的母公司是設計事務所，我本身也是個平面設計師。以前都是依照業主的需求去做設計，當D&D要開始的時候，我想這次是自己的店終於可以按照自己的想法自由設計了，而感到雀躍。但我很快就想到，這既然是一間以「不生產」為宗旨的二手商店，那做全新的手提紙袋不是很奇怪嗎？

開店後的兩、三個月內，我們都以旅館淘汰的浴衣、收起來不做的布行不要的布在社內自己縫製成購物袋。雖然是員工在設計工作之餘動手做，一天做不了幾件，但那時生意清淡，倒也還夠用。後來我們想出點子：在其他店的紙袋上貼D&D的膠帶，

創造出
參加意識的
象徵

就成了回收再利用紙袋。目前D&D系統，從東京店開始到所有加盟店，都使用這樣的紙袋。

一開始，我們提供回收再利用的購物袋，客人的評價很糟（笑）。雖然我們已經對每一位客人說明使用這袋子的用意，但十個人中有八個覺得拿用過的購物袋很丟臉，希望我們提供普通的紙袋就可以了。因此，我們只好另外向包裝材料行採買沒有任何印刷的白色紙袋備用。不過最近帶著這樣回憶的購物袋也漸漸地被接受了，我想是因為消費者的環保意識越來越高漲，時代也跟著有了很大的變化。

當初，這樣使用回收紙袋的概念雖然有趣，但自己也沒有把握是否行得通。畢竟前提是要有客人提供大量的回收紙袋給我們才行。以東京店的規模來計算，一天會使用300～400個紙袋，而且還得分4、5種尺寸，有時要裝重物，還得要多套上一個。要確保能收到這麼大數量的紙袋，光靠跟客人募集究竟有沒有可能達成呢？

實際上了軌道之後，竟然收了多到可以存起來的大量紙袋。常常我們只要在收銀時跟客人提起有這樣的需求，之後客人就會主動帶到店裡來捐。地方加盟店也是如此，我想是因為大家都不知道該怎麼處理這些紙袋吧！不過我們並沒有提供捐紙袋換折價的機制，純粹只是客人覺得「有人可以幫忙消化這些紙袋真好」。最近甚至有外國客人詢問「我想要這種紙袋，哪裡買？」、「有沒有在賣這種膠帶？」。

對於一間「傳遞想法的店」特別重要的是讓客人想要來參加店裡舉辦的活動。回收紙袋也可以是店與客人產生聯結的工具。有時客人會因為要送禮或是訂購結婚贈禮而希望我們不要用回收的袋子，但在這種情況下，我們還是會委婉地請對方使用這種回收紙袋。比起顧及一時的美觀，我更想扭轉客人的觀念。這雖是小事，卻也讓我感受到觀念的重要。

A2

禮品包裝也用可回收再利用的素材。

「不生產」的原則也適用於禮品包裝上。D&D提供的禮盒是直接採用鞋盒工廠原有的規格。鞋盒本來就分童鞋、男鞋、靴子用的而有各種尺寸，剛好也可以依禮物大小來選擇。其他，我們也拿營業用冰淇淋紙桶來做禮盒使用。

買禮物跟買自用的必需品不一樣，目的是希望收到的人可以喜歡，所以裝飾華麗的禮盒也有存在的意義。如果有客人要求想要可以裝婚禮贈品的美麗盒子，身為設計師也會想要為他設計出一款裝飾華麗的盒子。

但是D&D想做的是不一樣的事，越華美的盒子越是用完即丟，反觀利於回收再利用的鞋盒、冰淇淋桶卻是完全相反。既然要花錢做，也可以做出外觀簡潔卻不失美觀，讓人想留下來再利用的盒子吧？但對客人而言，並不認為是最好的解決方法。我們提供的盒子畢竟太簡潔，於是又另外準備了美麗的蝴蝶結，這是我們在方方面面折衷考量下所得出來的結論。

今後，各地的D&D也可以在當地找到適合的禮盒吧！還能考慮到各種需求的平衡，要是可以跟當地的製造業產生聯結，那就更棒了。

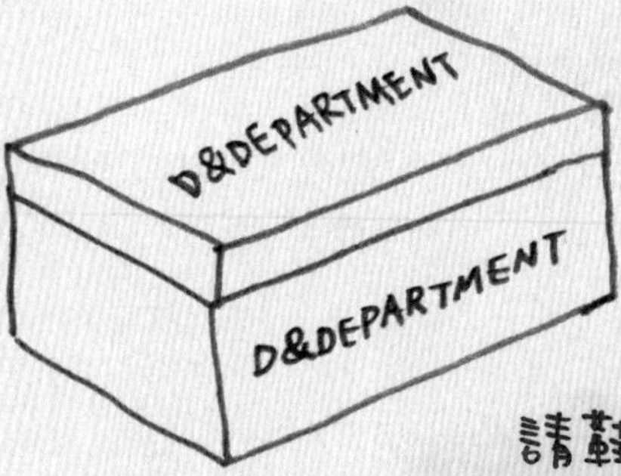

請鞋盒工廠
幫我們做的
D&D GIFT BOX

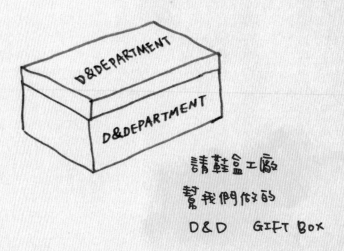

Q　網站可以做到的事、無法做到的事有哪些？

A1　我不太認同網站上的買賣。

在資源回收店挖掘有好設計的東西來賣，是為了宣揚永續設計的價值觀。因此我最早的活動是在自己的設計事務所裡架起購物網站，將自己因興趣買進的七件中古貨放上網路拍賣，請有興趣的人再跟我電話聯絡。沒想到意外地受到好評，還在週末將我的設計事務所對外開放，賣起中古貨來。後來因為客人變多，想說人家都一趟跑來了，就泡個咖啡請他喝吧，這也可說是日後在店裡設立咖啡區的原點。

從結果而論，D&D的原點應該是網路商店；作為傳遞概念的工具，以及獲得直接反應的媒體，網路確實是有效用。但是我從一開始就對於在網路上販售不那麼感興

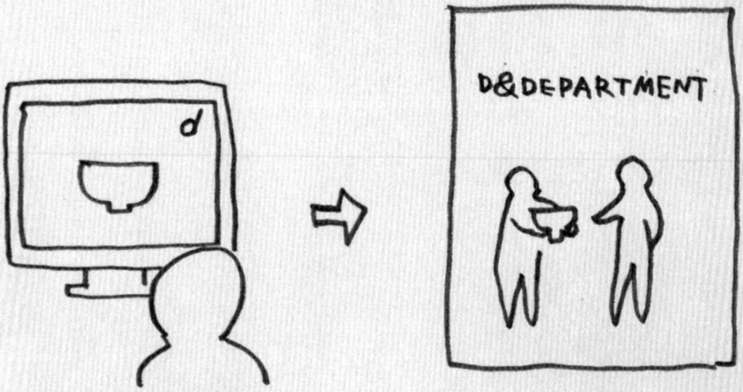

Web是我們的原點　　重心都放在實體店面上

趣，至今也沒想過要將重心擺在網路商店，這是有下列幾項理由的。

其一是，在網路商店下單的，與來店購買的客人明顯不同。來到D&D實體店面購買的客人幾乎都是從車站一路走到我們店裡，在這個空間裡親自確認商品所發送出來的魅力、與店員聊過之後才買單。然而到網路商店的，即使不知道D&D在做什麼，也可以輕鬆購物。這樣說也許不是很得體，但實際上，會客訴的通常都是使用網路購物的客人。然而要在網站上實現我們在實體店裡與客人溝通交流的用心，實在是太困難。

A2 在「活動」與「銷售」之間取得平衡。

現今，D&D網站存在的目的在於傳達活動內容以及為無論如何都無法來到實體店面的人提供銷售服務。這兩者之間的平衡，我們一直不斷地思考。活動內容的量一多，就不利於購物網站的經營；然而若是做成方便購物的介面，網路商店的營收會跟著增加，但這就不像D&D所要做的事了。這兩項要素若是硬要切開，網頁看起來也許會乾淨清爽些，但是我們所辦的活動就是為了與銷售產生聯結，所以要如何在活動與銷售取得平衡的情況下經營網站，實在是很困難。

原本我就認為經營網站本身跟「傳遞想法的店」存在意義大不相同。一間「傳遞想法的店」應該重視與當地的聯結，以該店為起點作為強化人與物之關係的地方。一旦有了網站，人與物的聯結被虛擬化，換句話說，店面這般實體場域存在的意義便會慢慢消逝。不只是開店，經營社群的人大多也都為了究竟該如何看待網路而感到煩惱。

D&D的活動或商品訊息都靠Facebook或Sumally等社群網站來發送訊息，銷售則是透過樂天等現有的電子商務平台來進行。像這樣即使在網路上，我們也不自己另創，而是借助既有平台來經營，也許是今後的選擇之一吧！即使還有些問題待解決，卻已經能大幅減少成本支出。我對現在D&D的網站已經很滿意了，但事實上要做到一間「傳遞想法的店」的網站應有的樣子，永遠都煩惱不完。

A3 由犯錯中學習在部落格發送訊息。

我們的網站上，作為店與客人聯繫最重要的工具是部落格。各店員工會將最近的活動、新進商品相關的文章或照片刊登於此。加盟店也會在組成籌備團隊的階段開始，就利用部落格隨時向總公司報告準備的進度。在確認店面，簽下租約的階段，我們就會提供管理帳戶給加盟店，讓他們自己上來更新文章或照片。理想狀態是一個星期更新一次，實際運作上也許很難達成，但最低要求是活動訊息一定要公告，辦完活動也一定會來這裡報告。

關於部落格的內容或文體，至今有許多曲折變化，有時候同事寫的文章實在是太幼稚，不得不讓人喊停。後來是趁著2010年，網站架構大改版的時候重新讓部落格開張。如果對內容、語氣、禮貌等各方面都要求高標準，那就無法溝通了。現在，我原則上幾乎不會去管上傳的內容。我想就算制式規定如何寫部落格，平常就已經忙得天昏地暗的同事也很難吸收得進去吧！

後來我想，要讓部落格表現得更有D&D應有的樣子，與其制訂格式，或是上傳前先送到總公司來審查，還不如努力加強與所有員工的意見溝通。還有在面試新同事時，就該好好確認彼此是否氣味相投。這是我最近在D&D靜岡店發現同事的水準之高而注意到的事。比起制訂標準方法，我想以鼓勵、良性競爭的方式應該更有趣也更好。

A4 網站上的照片或文章一定要誠實。

D&D網路商店裡刊載著店員所拍的照片及產品說明文。一直以來我都特別叮嚀不要讓商品看起來名不符實，更是禁止放些特別美化的照片。這道理跟店裡陳設一樣，我不想讓客人懷著過度夢幻的心情，煽動他們衝動購物，這些都是不誠實的作法。先前我們的網路商店放了一張照片拍的是桌子與椅子的組合，仔細一看會發現是以較低的桌子搭配高腳的椅子，實際上根本無法這樣組合，但因為看起來效果很好，所以就採用了這張照片，這件事情一直讓我耿耿於懷。

此外，試用商品的員工或是消費者所寫的文章，一定請他們放上自己的名字。因為是在網路上公開，可自由閱讀的文章，就得要對社會負起責任。我們不是作家，文章未必寫得動人，也欠缺專業知識，但是只要是站在使用者的立場，無需華麗辭藻，寫出實際感受就夠了。實際使用後的感想，對於消費者而言一定是有用的資訊。

實際上，在網路商店最有效的行銷方法就是強調有多便宜，一次買兩件可以折多少錢、限定時間內下單免運費等等，這類的行銷手法對消費者來說是十分有魅力的。我們也做過免運費的活動，銷售額也確實跟著提升了，不過一旦點燃價格戰，就沒有回頭路，只能降價再降價，這是不應該的。對於那些需免運費才願意購買的客人，我們只有含淚請他到別的店去買，我們能做得到的，只有將為何這件商品不能便宜賣的價值，實實在在地告訴客人。

Q 該如何舉辦對於店鋪有意義的活動？

A1 活動是為了想學習的客人而辦的。

D&D各店會定期舉辦讀書會或是各式活動。對我們來說，藉由這些活動可以傳達設計背後的用心，是一件很重要的事。大部分都會收取參加費，但也只能大致抵過活動本身的花費，無法帶來營收。東京店如此，也明文規定各加盟店要積極舉辦活動。

「d讀書會」是2006年開始的企劃。除了跟產品製作相關的議題之外，還有與稻作、咖啡、高湯等飲食相關的題目，或是落語、能劇、交響樂等文化活動，內容非常多彩多姿。我們會邀請該方面的專家來到店裡，或是由我來引導對談，或是現場表演。舉行過十人左右的工廠參觀行程，也盛大舉辦超過百人規模的活動。

要如何讓這些
主動想要學習的人
聚集到這裡來呢?

讀書會本來是為了社內員工所舉辦的，主要目的是想要讓同事對於接待的禮儀、商品知識有共識。之後漸漸地，有常客，特別是對我們的活動感到強烈興趣的人，也說想要參加我們的讀書會，於是就對他們開放，但是這樣的要求越來越多，甚至超過百人，才發現有必要為此組一個活動，於是就形成了現在這樣為一般客人舉辦的「d讀書會」。

我想，一間「傳遞想法的店」如果只是氣味相投的人聚集在一起的地方，是不夠的。像D&D就碰到了自己主動想要學習，而希望能參加店內活動的客人，我們也不想只是賣賣東西、提供場地，而是組織活動，貢獻些許的力量。

A2 提升意識的活動，有助於營收成長。

為何會想要在D&D的讀書會，教客人學會熬煮高湯的方法或是觀賞落語呢？那是因為我們所了解的設計背後，必定有日本的文化與風土存在，從了解文化、風土開始是一件很重要的事。

以D&D在賣的漆椀為例，會買的客人一定是會自己煮味噌湯的人。可以從熬高湯開始完成一碗味噌湯的人，他的生活一定緩慢而有餘裕的。如果是沒有時間可以慢慢欣賞古典樂、古典落語、感受自然之美的生活方式，處於忙亂不堪的時間軸裡，就算擁有漆椀，也只能偶爾使用，實在可惜了。

在實際看到漆椀製作過程，了解漆器的歷史背景或是產品製作過程而被深深吸引，買了漆椀回家卻沒有在實際生活中派上用場，那也不算是真的有意義。可以用上一百年的漆椀，若沒有被使用，跟垃圾沒兩樣。因此，最理想的狀態是讓客人實際感受漆椀帶來的豐美生活。同理，舉辦落語會乍看好像是不務正業，但怎麼知道哪一天不會為我們帶來成果呢？當然對我們的工作人員來說，也可以累積經驗。讀書會的題目就是在這樣的宗旨之下，由我或是同事有什麼「想理解」、「覺得有趣」的事情，就著手企劃。

為我們演講的來賓有的是廠商代表，也有不少是我們的客人。例如在東京店、大阪店為我們演唱的男高音井澤章典先生便是大阪店的客人。透過讀書會，客人與我們融為一體，這對「傳遞想法的店」來說也是一件重要的事。

透過商品
讓客人與員工
都對美好生活產生關心

A3

努力吸引沒有機會接觸的人。

讀書會大部分會在D&D的店裡面舉行。有時為了要去參觀工廠也會讓店臨時公休。不只是舉辦活動的當下，在那前後也都要花很多的時間與人力。

傍晚在咖啡區舉辦活動，接下來還有一場茶會的話，我們在下午3點就會讓客人最後點餐，4點就關店。擺放椅子、布置場地，活動結束後還要整理。這段期間內完全沒有營收，對於每天都需要有營收的店家來說，這是極大的損失。所以我們會視活動的時間，盡可能早一刻完成場地的整理，以便開始夜間的營業。有時會發現明明銷售狀況還不錯，為何還是赤字，仔細一查才知道是因為開了讀書會的關係。

但不論是讀書會還是活動，都可能是讓原本沒有接觸機會的人來到D&D的契機。最近在twitter或facebook上，活動資訊一下子就傳開來，有時也能使那些不知道我們或是對活動沒有特別興趣的人注意到我們的活動。

因讀書會的內容不同，會吸引到不同的客層。另一方面，也有人幾乎是每逢活動必來報到的，或是住在附近的人，都讓我覺得有趣。

幾乎對所有的客人來說，D&D的所在位置實在不容易抵達。為了要吸引人專程前來，讀書會的水準不得不高。但活動宣傳一定要做到位，否則就算是吸引人的企劃也可能沒有太好的成效。不能一切只靠單一的社群，而是要所有員工同心努力擴展社群，才有可能成為一個吸引人前來的場所。

A4 有讓客人可以一起參加的空間。

如前面提過的，「d讀書會」是開放讓客人參加我們的社內讀書會而起的。一般商店的來客可分為下面幾種型態：不常來所以不認識的客人、常來店而大概認得出來的客人，以及彼此相熟的常客。不過在D&D還多了一種，比常客更熟悉我們的特別常客；一開始說要參加讀書會的也是這種特別常客。

他們不是D&D的員工，也非加盟店籌備團隊的成員，卻在D&D經營的社群中有著很大的影響力。頻繁地參與讀書會等活動，活動後的提問時間也常認真地發言；對於我們提供的資訊會仔細地確認，積極地對店裡的商品或服務提出建言。有次東京店引進了某名牌服飾，就有特別常客認為不妥，不只一次地指正我們：「為何要賣這種青山西服也在賣的西裝？你們不是應該要比別人更有創意、花更多工夫在思考新事物的可能性嗎？」後來我也同意他的說法，立刻就退掉這些西裝。

這些特別常客會自動地聚集在一起，討論D&D發展的方向或是提出工廠參觀的企劃給我們。現在他們越來越常混在D&D工作人員中，一起聊天、辦活動。有時也會跟我提出在哪個地方設立D&D好，或是如果要去某某縣開發產品時他也想跟著去等等的具體提案。他們真的很用心地在觀察、在思考，正是這樣的人支持、主導著我們的社群經營。

一間「傳遞想法的店」就應該要有讓這樣的客人可以一同加入的空間。店本身主導的部分應降至60～70％，剩下的部分則開放讓客人參與，這樣的狀態應是最理想的。這60～70％指的是店的經營、支付場地、人事費用及提升收益。此後D&D會更加強以社群為基礎的體制，讓這些熟悉D&D的客人可以有更多參與的空間。其實現在我們的設計旅遊誌《*d design travel*》的製作過程中，就不只是總公司與地方加盟店的員工，還有許多本來是客人的地方人士一起參與。

像這樣的社群力量，對D&D來說是不可或缺的。過去，我甚至也曾思考要將D&D的活動再擴大延伸，變成非營利組織（NPO）。但在理解了NPO的實況後，我還是選擇以開店的方式來實踐想法。因為我們相信，在自己出錢、背負著風險的情況下，才有辦法面對現實，吸引人前來。

當一家店開始處理社會議題時，起初聚集於此的客人，也會跟著提高他的問題意識，而這家店看起來也越來越不像一家普通的店。實際上，這些超越客人身分的人也漸漸不太買東西了。這也可以說是與我們一起面對問題的意識高漲所得到的結果。D&D所販賣的商品都是這個社會議題的結晶，到最後這些客人都會跟我們一起想辦法將這個商品的好傳遞、推銷出去。

店的一部分也屬於客人

Q

要如何才能吸引外地的人來到自己所在的地方?

A1

成為提供以設計觀點出發的觀光資訊站。

當我想在47都道府縣皆設立D&D時，也希望各店能具有觀光資訊站的機能。讓到當地參訪的民眾第一站就想到D&D，並在此得到由我們提供、以我們的觀點選出來的最新觀光資訊。我希望D&D可以變成這樣一個機構。一開始的構想是在各店裡擺放《美食》、《品茶》、《住宿》、《購物》、《觀光》、《人》等六本小冊子，以設計旅遊誌《*d design travel*》各地方特集的內容為基礎，再多加上當地員工選輯的最新資訊，不時更新，或是被旅客問起時，我們也能提供些有用的資訊。不過大家已經為了店裡的工作忙得團團轉，沒有時間更新內容也是一個問題。

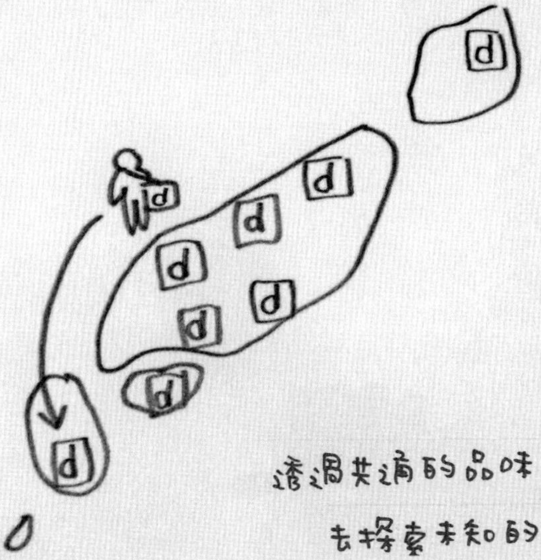

透過共通的品味

去探索未知的日本

所以目前我們先在店裡擺放了名為〈d filer〉的A4雙面印刷傳單供客人取閱。格式是由總公司制定，上面刊載了各店的商品、活動、地方資訊等等。在符合企劃主題的前提下，由各店自行採訪、寫稿、拍照、刊載。最終目的是希望每一個人都能獨立完成這一連串的作業。大約是一個月發行一次，有些加盟店還在努力要跟上，但像靜岡店甚至已經可以在製作〈d filer〉之餘再加上周邊的地圖，還開始提供腳踏車租借的服務。

現今年輕人的旅行已不喜歡去那些知名觀光景點，而是想要知道跟當地更加有關係、當地人喜愛的事物，我們也不忘推薦從設計的觀點去看當地的產業。我想藉由這樣的活動，一定可以讓更多的人感受到當地的魅力。

A2

藉由雜誌，擴大參與。

設計旅遊誌《*d design travel*》是2009年創刊的旅遊雜誌，它的前身是以永續設計為主題的小冊子《*d long life design*》。在這本小冊子所要傳達的永續設計理念再加上旅遊這項大主題需求重新整裝之後，就是《*d design travel*》。一年在47都道府縣中挑選三個地方去取材，再各自整理出一本書的內容，至今出版了北海道、鹿兒島、大阪、長野、靜岡、栃木、山梨、東京、山口等特集，是本以旅遊為主軸，將生活風格納入主題的雜誌。《*d design travel*》主旨是要將當地的「個性」傳達到全國，所以會由各地方D&D工作人員來參與最多的編製作業。各縣的《*d design travel*》第一集會由總公司主導，但會公開編輯方針與作法，之後接下去出的第二、三集就交由地方店自己去做，像北海道店聽說已在談北海道版的第二集了。地方加盟店員工基本上不是什麼專業攝影、寫作者，但我希望他們能夠在製作《*d design travel*》的過程中，利用並學習我們向全國發布訊息時的角度與溝通方式。

目的是讓在地人學會去思考該怎麼做，可以將自己土地上的傳統與風土等等的特性讓當地以外的人知道。在傳達地方魅力之中，改革意識。完成的雜誌會在全國書店裡販售，所以《*d design travel*》既是D&D活動的一環，也是一件商品。之後我們會一年舉辦一次「巡迴之旅」，由讀者或是編輯部去拜訪書中刊載的店家或製作者，藉此持續交流。我們期待能夠透過這本雜誌，以設計為主軸，讓越來越多人參與其中。

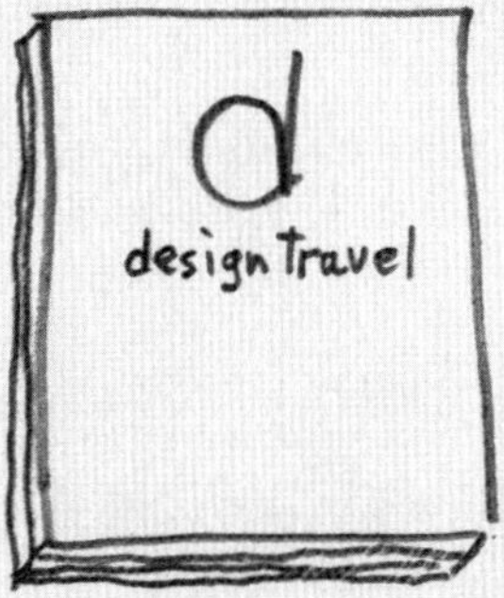

將當地的個性
以某種調性
傳遞到全國

Q 如何表達經營一家店的想法

A1 每三年一次出版過去活動紀錄的書。

自2002年開始，我們約三年出版一次收錄D&D活動的書。這有助於我們清楚理解自己正朝著什麼方向、以怎樣的速度前進，還有哪些做得不夠好等等。我們所做的一切最終都是為了永續設計，如果因此有越來越多人對這件事情產生興趣，是最讓我們開心的。

最早出的一本書是《*Only honest design can be recyclable.*》（**X-Knowledge出版，2002年**）。直接將「只有真正的設計可以再利用」的概念拿來做書名。現在回頭去看那時拍的照片或是自己寫的文章都會覺得很不好意思。我們自己讀來會覺得很懷念，但其他人可能會覺得不知所云吧。即使如此，還是執著要出書是因為想讓社會看見D&D這些超越商業活動範疇的作為。我們基本上不生產，賣的是想法，所以將想法化做書籍這樣的商品來發表。

三年出一本書並沒有什麼特別的理由。D&D的每一個員工都知道我們舉辦的活動最後會整理成書上市，平時就已經習慣為店裡拍照，有活動時也有固定負責拍照或寫紀錄的人。

我們的書對於想開間以設計為主軸、「傳遞想法的店」的人一定有參考價值。就算是失敗的例子，也是我們過去活動的軌跡，毫無保留地收入其中。早期真的做了很多幼稚的事，但這些也可以當作負面教材來看，反而更激勵人心吧！我希望我們的經驗可以對更多人有幫助。

D&DEPARTMENT
Only honest
design
can be
recyclable

每次活動
必定好好
記錄下來

A2

重視自己思考的製書過程。

書的內容基本上是由我們自己撰寫。在我們平日的工作中也常接受雜誌等各種媒體的採訪，將我們做的事情傳達給各方讀者知道。但是透過編輯的作業，會因為不同媒體的角度或是刊物的編輯方針整理出不同面向的內容，當然這樣對外宣傳是有必要的，就算無法完整表達，但我們仍覺得為自己說過的話、做過的事情留下紀錄是很重要的。

不過，我們並不想要自費出版。至今所出的書都是由不同的出版社為我們製作、發行。我們的考量點是想知道社會是如何看待這樣的一本書，因此需要借助專業出版人的觀點來判斷。出版社果然提出了要多放點照片、這樣的內容根本沒人要看等等的意見，基本上我們都會虛心接受，讓製作得以順利進行下去。雖然不期望會成為暢銷書，但還是會透過出版社的角度，來注意觀察這本書對社會是否產生影響。

每次出書都交給不同的出版社去做，是因為我們想要每次都重頭開始向對方說明我們的概念。這跟我們想出書的理由一樣，信念是否被理解是第一要事，並不想要做出一本只有自己想看的書。如果是同一家出版社，在做第二本書的時候可以不用做那麼多的說明，但我們卻要刻意避免如此。

做出來的書會在書店銷售，既像自己的作品，又不完全是。裡面由我執筆的部分較多，工作人員也把這本書作為是自己的文章、攝影集結的作品去做。就像D&D既像又不完全是間商店，還兼作活動的據點一樣，書也像是商品又不完全是，也兼作為我們的活動紀錄報告。

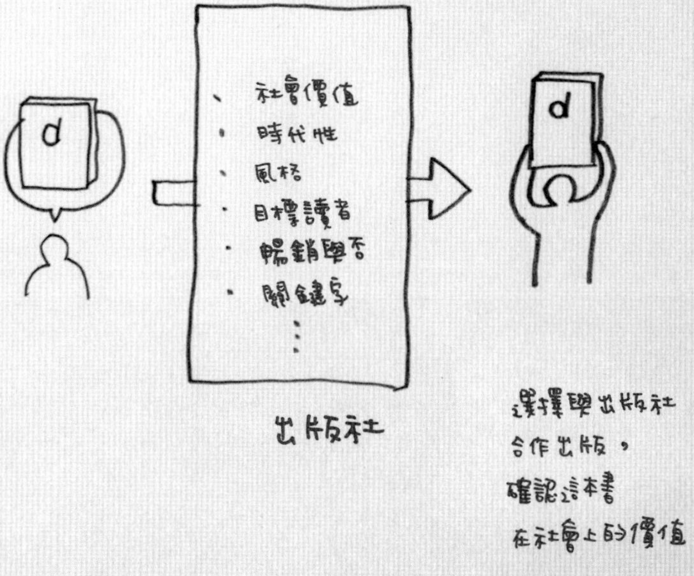
社會價值
時代性
風格
目標讀者
暢銷與否
關鍵字
出版社
選擇與出版社
合作出版，
確認這本書
在社會上的價值

Q 宣傳活動上該注意的地方是？

A1 要意識到是向全國發送資訊。

一間「傳遞想法的店」的一大功能是資訊傳播，所以宣傳是很重要的。如果只是要在當地傳播訊息，那麼只要靠著客人口耳相傳或是發發傳單就可以有一定的效果，但若是要吸引人從縣外、全國各地過來，那麼就得要借助位於東京的媒體之力以達對更多人、傳遞有效資訊之效。此外還要再加上部落格、社群網站的運用，以及接受媒體採訪等等的方法。

比方說，舉辦一場活動，就必須要在活動開始至少2個月前就將新聞稿發送給記者或是編輯。為了要引起對方的興趣，不只是發布的時間點很重要，在資訊發布的方法、內容長短、語氣等等各方面也要多下工夫。在D&D體系中，地方加盟店剛開始自己發布資訊時，都要詳讀總公司提供的新聞稿注意事項。要學會這些訣竅，在日日繁忙的業務中還要執行宣傳活動，實在不是一件容易的事，但漸漸學會之後，就會變成加入D&D的好處之一。

不限於新聞稿的發布，地方加盟店在對全國發送資訊時最重要的，是不能忽略了關於地方文化的說明。有些事情往往對住在同一地的人來說是不言自明，但對於住在東京的人可能完全捉不著頭緒，而這樣的事情還真不少。因為有這樣的差異性存在，在東京人眼中就成了一種趣味。要如何將當地所有的文化以客觀的方式傳達，是需要努力的。用心製作的新聞稿若只是新品資訊是沒有意義的，也引不起媒體的興趣。對於D&D各加盟店，我都希望他們能時時注意D&D東京店的觀點。要讓全國的人認識自己所在的地方，如何與東京或是網路世界維繫關係，對經營一間「傳遞想法的店」是很重要的。

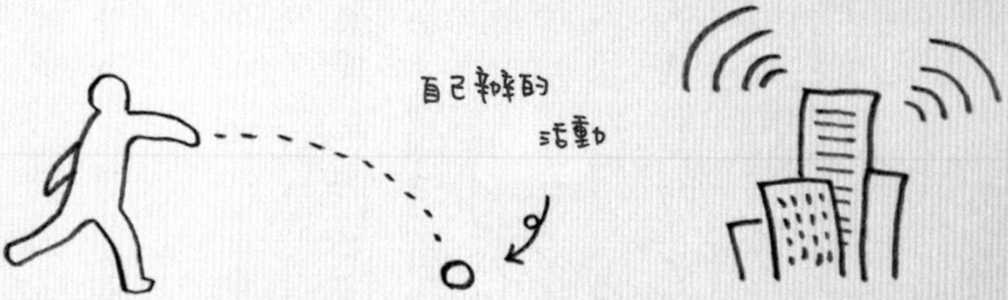

訊息
若不能交到
媒體手中
也就無法傳送出去

不製造風潮，而是確切傳到該知道的人耳中。

D&D總公司也兼作各加盟店的宣傳窗口。以東京為中心的雜誌編輯即使想去各地的D&D加盟店採訪，也未必能找到當店對外的窗口；有時候是限於時間或預算不足，無法親自到當地去，這樣的情況下會由總公司的公關介入為雙方協調。此外，來自地方的資訊有時未必能發到合適的媒體手中。有時總公司可以超脫新聞稿的架構，整理出地方的特性後再發出去，而獲得刊登的機會。

現在，D&D總公司發布新聞稿的媒體約有三百間，這是針對活動資訊的發布，若是新品上市等商品資訊，則有另外的一百五十間。以一般宣傳來說，已是限縮發送對象到最核心精準的程度。不過，D&D並不想借流行趨勢的力量來傳播永續設計的概念，這在宣傳上又顯得矛盾，越是廣為人知，就越容易被消費後就丟棄。與其亂槍打鳥地亂發給一堆不關心的人，還不如有效地發給需要知道的人，向他們詳盡地說明後，寫篇扎實的報導。不是有版面就值得高興，而是確切地將事情或商品宣傳出去，

並不是亂槍打鳥地

亂發送訊息

給一堆不關心的人，

只發給想知道的人

培育消費者。這也跟D&D為何要刻意選在地段不好的地方開店是一樣的道理。

目前為止我們也有失敗的宣傳案例。「Karimoku60」因為廣受喜愛而熱銷，D&D甚至有一段期間被誤認為是Karimoku的專賣店。當然商品熱賣對店家來說應該是要高興，但如果商品反客為主，光芒蓋住整個D&D所有活動訊息，那就是本末倒置了。如果有人說「去年Karimoku60很流行呢！」，那它就不能說是永續設計，這也是我們最想避免的事。所以有一段期間我們刻意減少了最暢銷商品「Karimoku60」在店內的展售空間。

一般企業在產品開賣後就會極度關注，銷量一減退很容易就認定它不賣。商品若成為流行，就會打亂製作者與銷售者的腳步，也破壞了設計的生命循環週期。

另一方面，基本上我們會避免讓商品的購買資訊登上朝日新聞、讀賣新聞等全國性大報，因為上了那樣的大報，就會有很多人不管產品設計理念或背景，直接打電話來問怎麼買，在這樣的詢問電話裡，工作人員無法好好地跟他們溝通，我們的想法也幾乎不可能傳達給對方。反倒是展覽等活動訊息可以讓更多不特定多數的人知道，我們很歡迎報紙刊載。總之，如果不善加利用過去的經驗，細分媒體的使用方法，是無法描繪出長久的遠景。

我想包含我們自己在內的所有「傳遞想法的店」都一樣，沒辦法像名牌或大型連鎖店那樣砸大錢買廣告，所以可以上雜誌、接受採訪都是很好的宣傳機會，但也因此特別期待可以得到正面的評價，並將想表達的意思依自己的想像傳遞出去。Ｄ＆Ｄ總公司有責任塑造這樣的媒體環境，宣傳Ｄ＆Ｄ所有加盟店努力的成果。

Q
店與客人最好的關係是如何？

A1
「客人最大」的時代已過去。

我認為「客人最大」的時代已經結束。如果在D&D有客人覺得自己最大，一切都該依順他，那我們只會明白地告訴他：你錯了。或許有人會說罵客人「你錯了」很失禮，我的回答會是我們的店就是這樣，你不喜歡不要來沒關係。我們是以這樣的態度經營一家店，而有同樣想法的店家若不增多一些，我想日本是無法提高生活水準的。如果只順著客人、不讓他們有所抱怨，那開店的人什麼事情都不用做了。我們開店辦活動不是為了討好客人，而是想跟客人一起改善現狀。

在日本，不賺錢的話就沒有人會得利，所以一切都以大賣為前提。不論是做生意的還是政治人物，都是這樣的心態。但不論是什麼樣的生意或事業，買賣的最前線是賣場。如果賣場有堅定的立場對於不想賣的人說出「不賣給你」，必定能改變現今這個只要有錢什麼都可以買得到的社會現象。講嚴重點，我認為賣場的態度決定一切。比方說有些居酒屋老闆雖然嘴巴不饒人，但是料理的味道卻讓人無可挑剔，客人還是很愛上門。我想賣東西的店如果也能回到那樣的時代，一定會更加健全。

全國的D&D都一樣選擇交通不那麼便利的地段設點，也是實踐這種態度的第一步。那些路過進來逛逛，然後覺得店員待客態度不夠客氣而離開的人，幾乎不會來到我們這種位置偏遠的店，大部分的客人都是為了參加活動遠道而來。

剛開幕時，也有人說D&D乾脆採用會員制，只讓理解我們開店宗旨的人進來就好了，或是完全預約制。這樣一來，我們的店就不是在賣東西，而更接近是租借場地，成為依會員需求來供應永續設計日用品的體制。但我們最後依仍選擇開店是有幾項考量，主要是感到需要提升國民整體水準。如果只是由一名設計師開設一間給設計師來逛的店，就無法讓理念傳開來。

作為一間「傳遞想法的店」，也許會被認為該盡量降低門檻，成為任何人都可以輕易進去的地方。如果這就是一般對「傳遞想法的店」的定義，那麼D&D是不合格的，因為我們所做的一切並不是為了客人，而是為了整個社會的利益。

日本企業有不少是由第一代創業成功，第二代繼承，如今到了第三代手中迷失了方向。前兩代建立的偉業，在社會、經濟變化中已越來越難持續，到了接下來的第四代繼承事業時就會力圖振作，在創新下也重新整理基礎事業，這也是「60VISION」在做的事。站在賣方的我們，應該要有毅然面對新時代的態度。這也是現今這個時代裡，重視社群經營、開設「傳遞想法的店」的我們應該肩負起的責任。

第三部
D&DEPARTMENT
經驗談

經驗談 1

D&DEPARTMENT PROJECT 準備中

【談】

D&DEPARTMENT PROJECT山梨店

岩下明

（山梨日日新聞社　山梨放送集團經營戰略局副局長）

2013年6月，D&DEPARTMENT PROJECT（以下簡稱D&D）的新加盟店於山梨縣甲府市誕生。該加盟店的經營者是剛迎接創業140週年的山梨日日新聞社・山梨放送集團。這家老牌企業旗下擁有眾多公司，已在當地耕耘出許多深厚的關係，同時也有與至今其他D&D加盟店不同的知識與技術，但也跟其他地方的加盟夥伴一樣懷有著問題意識。這樣一家新型態的「傳遞想法的店」就此展開。

山梨日日新聞社・山梨放送集團於2012年迎接創社140週年。D&D山梨店也選在這個重大的時刻，開幕了。地點為集團下各社辦公室所在地的山梨文化會館，是國際級建築大師丹下健三的代表作，於1966年落成的建築，自甲府車站北口走路過來約三分鐘路程。

山梨文化會館當初是以成為當地民眾可以時常前來利用、於此交流的地方為概念所設計，但是經過了半個世紀的年月，這棟建物卻成了漸漸封閉的場所。身為媒體企業，在安全考量上不得不如此，但就這麼放著不用實在是很可惜。於是就在迎接140週年的契機下，將建物的一、二樓重新整修，再現丹下精神。改建工程由丹下都市建築設計承接，一樓作為民眾自由集散的空間，二樓則有D&D及咖啡廳進駐。

近年來甲府市區與其他地方都市一樣出現「甜甜圈化」（中空化）的趨勢。商辦大樓、商店街位在甲府車站南口一帶，卻不甚繁華。因為到東京的交通太方便，當地居民每到週末就出門到東京去。不過因為北口在2012年11月有間新的縣立圖書館開館，漸漸又有了人潮出現。山梨文化會館就在這間新圖書館隔壁，作為具有發送文化訊息機能的「傳遞想法的店」，我想一定可以為當地帶來許多助益。

山梨日日新聞社 山梨放送集團

1872年於甲府市創立的山梨日日新聞社及兼營電視、廣播事業的山梨放送為中心的集團。該新聞社發行著縣內購讀率超高的《山梨日日新聞》。該集團由包含廣告代理、旅行社等在內的十五家公司所組成。總公司所在的山梨文化會館是以丹下健三設計的代謝派（Metabolism）建築代表作而聞名。經營戰略局．副局長岩下明是這回山梨文化會館整修案的負責窗口。

D&D決定進駐的關鍵點在於長岡賢明先生在籌備設計旅遊誌《*d design travel*》山梨號時，前來參觀了山梨文化會館，我們有機會與他深入談話後，發現對D&D的活動與想法深感共鳴。一開始並不是從要開店的方式切入，而是請長岡先生擔任這次改裝計畫的總監，為我們提供建言。

我們對於D&D最有感覺的地方是他們最根本的「永續設計」概念，我認為那是讓活在現代的我們，以新的觀點去看待傳統，並傳遞到未來的方法。以山梨文化會館為例，它是具有歷史價值的建物，但我們卻不敢說自己已將其價值傳遞給包含社內員工在內的所有人。所以讓D&D在這個重要的紀念時刻與我們一同重新開始，也是希望藉由永續設計的概念，來彰顯山梨文化會館存在的重要性。

而為我們設計附設咖啡店的是對本地產的山梨葡萄酒有深入造詣的大木貴之先生及其所經營的餐廳「Four Hearts Café」。大木先生也是長岡先生介紹給我們的。甲州葡萄酒在全國受到熱烈支持，但在甲府市內可以喝到當地自製美味葡萄酒的店家卻非常有限。於是我們希望這間咖啡店可以提供葡萄酒以及使用本地食材，與美酒相襯的美味料理，藉由美酒佳餚讓大家認識山梨的魅力。

此外，身為D&D的一員，我們也想積極舉辦活動與讀書會，推廣永續設計的價值。山梨日日新聞社・山梨放送集團本身就是舉辦各式活動、宣傳，擁有企劃能力與人才的公司，由我們這樣的媒體企業來經營D&D，不正有可以帶動地方活絡的可能嗎？

不過，現下最大的問題在於如何找到店長與店員。要如何找到有野心想要挑戰這項企劃的員工，實在是一大困難。我認為這是一間「傳遞想法的店」最重要的一環，不得不慎重以對。

藉由這次的改裝，招攬全國性連鎖商店或咖啡店進駐是最有效率、最簡單的方法，但是那對於宣傳山梨的魅力並沒有幫助，且那也不是我們這樣一家與地方發展密切關連的集團應有的作法。如果是加盟D&D就可以做到發送在地文化訊息，同時也可以為我們社內已在進行中，活化地方產業的商品開發企劃帶來相輔相成的效果。

對我們而言，這是一個長期計畫，比起金錢上的利益，我們更重視的是能否帶來長久持續的價值。就在這明確的目標之下，我們戰戰兢兢地朝開幕邁進。

經驗談 2

D&DEPARTMENT PROJECT 營業中

【談】D&DEPARTMENT PROJECT
北海道店　佐佐木信
靜岡店　高松多聞
鹿兒島店　玉川惠
沖繩店　比嘉祥、真喜志奈美

到2013年2月為止，D&D有了北海道、靜岡、鹿兒島、沖繩等加盟店。本章請到了擔任這些加盟店的代表人或總監的五人來談談這間「傳遞想法的店」之現狀或是經營D&D的感想。這五位各自有著不同的背景與個性，但是對於設計或是在地產業的意識卻有很高的共通性。就讓我們聽聽他們對於經營一間「傳遞想法的店」所遇到的關卡，及為了克服困難應有的態度與跨越難關後的喜悅。

開始經營D&DEPARTMENT的理由

——請問各位，為什麼會想要加盟D&DEPARTMENT呢？

佐佐木信：我本身是在札幌經營一間設計

事務所叫3KG，當時覺得公司已經上了軌道，正在思考著未來發展，發現只做設計的工作已經無法讓我滿足，給自己的選擇之一是經營一家店，而剛巧也碰上了長岡先生開始想要在47都道府縣開設D&D的時期。還有就是因為這是第一間加盟店，讓我對於要挑戰沒有人做過的事躍躍欲試。因為我跟長岡先生有著共同的朋友，所以一切進行得很順利，有種一轉眼就開了的錯覺。開幕是在2007年。

高松多聞：我沒有做過設計相關的工作，原本只是個上班族，離開公司後在靜岡開餐飲店。最初會知道長岡先生的事情是因為讀了一本食譜《*D&DEPARTMENT DINING BOOK*》，換句話說我的起點

佐佐木信
D&DEPARTMENT PROJECT HOKKAIDO by 3KG 代表。
2010 年起也擔任 D&D 的外部董事（outside director）。該店為 D&D 第一間加盟店，於 2007 年開幕。
3KG 是 2000 年設立於札幌的設計事務所，業務範圍有包含影像等多種設計或企劃。

北海道札幌市中央區大通西 17 丁目 1-7
Tel：+81-11-303-3333

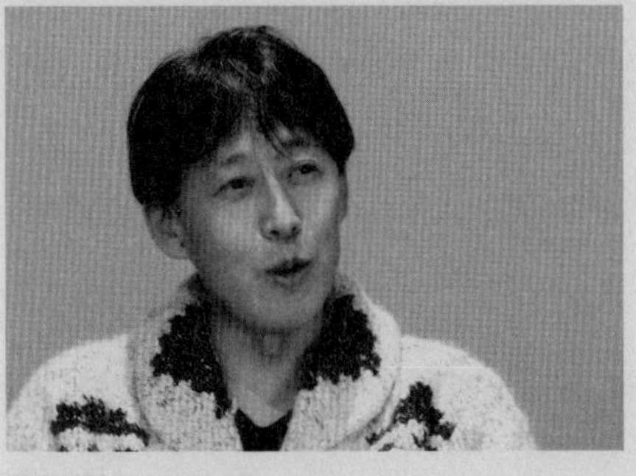

高松多聞
D&DEPARTMENT PROJECT SHIZUOKA by TAITA 代表。
該店為 2 號加盟店，於 2008 年開幕。位於可以看得見富士山的地點，店內的咖啡區也致力以當地食材開發料理。
代表人高松多聞是在 1988 年創立了 TAITA CORPORATION，目前在靜岡市內擁有約 20 間餐飲相關店舖。

靜岡縣靜岡市駿河區高松 1-24-10
Tel：+81-54-238-6678

是飲食，而他有所本的想法讓我感到有興趣，所以上網去查詢長岡先生的部落格，上面就寫到他想在全國開設D&D的事情。我第一步是先去看過東京、大阪的店。對一直待在餐飲界的人而言，D&DEPARTMENT DINING是一間完全不符合業界常識的店。座位全採用沙發椅，且彼此間隔還相當寬闊。一般來說，沙發會讓客人一直坐著不走，造成翻桌率低下，餐飲店並不喜歡設置沙發，而且座位的擺放也會更擠一點；菜單上的照片拍攝手法也很不一樣。還有販賣商品的空間陳列的商品怎麼看也不像是可以賣得動的東西（笑）。但也就是它很不一樣，才這麼吸引我。最後，我去拜訪了長岡先生，在他拒絕我加盟之後還是不斷地去煩他，終於在2008年開了靜岡店。

玉川惠：我是在2010年，位於鹿兒島市內的商業大樓Maruya Gardens要開幕時，委託建築事務所Mikan接下設計案。這棟大樓以前是三越百貨，重新開張前的招商並不是很順利，後來是聽Mikan的竹內昌義先生說「有家叫D&D的店還滿有趣的哦」，並介紹我跟長岡先生認識，最後D&D不只是來設店，還請長岡先生包辦了整個Maruya Gardens的企劃。在那之前，我或是參與籌備的工作人員都不知道D&D，應該是很特殊的例子吧！我們去參觀大阪店時，正是Maruya Gardens開店前最辛苦的時期，但大阪店的咖啡區氣氛非常悠閒，讓我們享受了一段愉快的午餐時光，這件事情特別讓我印象深刻。

比嘉祥：我以前曾在建築事務所工作過，後來自己出來開了一間家具店「Mix Life Style」，之前就知道D&D，也因為我的店裡進了「60VISION」的商品，而跟D&D有往來。之前一起為住宅企劃「沖繩STANDARD」工作的真喜志奈美小姐跟長岡先生很熟，在她的推薦之下，我開始想要開D&D沖繩店。

玉川惠
D&DEPARTMENT PROJECT KAGOSHIMA by MARUYA 代表。
同時也是靜岡店所在的 Maruya Gardens 母公司——丸屋本社代表。
位於鹿兒島車站前，於 2010 年將舊三越大樓改裝、重新開幕 Maruya Gardens 在館內設置了活動用的空間，讓人們可以在此活動交流。

鹿兒島縣鹿兒島市吳服町 6-5 Maruya Gardens 4F
Tel：+81-99-248-7804

真喜志奈美：先前長岡先生來沖繩時，我就帶他去比嘉先生的店，他看了「沖繩STANDARD」的模型後很喜歡，還特地跑到我們事務所聊這件事。我設計的層架LAUAN SHELVES可以在全國的D&D販售也是在那次談定的。之後，我聽到他想在沖繩開放加盟，就去問比嘉先生，我自己也對D&D努力推動永續設計的普及、活化地方產業有著強烈的認同感。因為沖繩的觀光性很強，一開始D&D沖繩店是想找飯店一起來經營，只是一直找不到條件符合的對象，只好將這樣的想法暫緩，現在先暫時在「Mix Life Style」的二樓開設。

——也許每一間店碰到的狀況都會不一樣，但是開店至今一定都碰到很多困難吧？

佐佐木：我從籌備期開始就倍感辛苦，因為跟大家不一樣，我沒有開店的經驗，而且又是D&D的第一間加盟店，長岡先生或是總公司也還沒有整理出開店的技術與知識，我自己是個設計師，沒有直接接觸過消費者，也是生平第一次站在店裡喊「歡迎光臨」。設計師通常是被委託案件的一方，此時的立場卻相反，讓我有點不習慣。此外，我們公司只是地方的小小事務所，也曾擔心會不會被D&D這樣的大公司給吞了。我們本業的設計工作與D&D的永續設計如果出現重大的矛盾，也很麻煩。但是影像設計基本就是生命週期較短的，不衝量的話是無法存活的。有時總公司對於我們的工作內容也會有意見，也出現過我們自己過分在意的時期，直到最近我們才慢慢摸索出與總公司之間應有的分際。

比嘉：我在開始經營加盟店之前，害怕的也是相似的分際拿捏問題。因為我自己開店時碰到的事情，還有D&D的概念當然不會完全相同，每個人想的事情、避風險的方法也都不太一樣。但是從方向來看，我是贊同D&D的，而且又有以設計為本業的真喜志小姐來擔任總監，讓我無後顧之憂。不過實際營運下來，就發現自己好像想太多了（笑）。

高松：我的本業是餐飲，在經營方向上跟

D&D要做的事應該如何聯結，還沒有弄清楚狀況的情況下就已要開始了。在籌備期間，總公司一直說要「做得跟D&D一樣」，但是怎麼才能做得像D&D，我一開始根本一點頭緒都捉不到，簡直就像是在跟外國人雞同鴨講一樣……。為了要弄懂這些事，都快要跟同事吵起來了，實在是傷腦筋。剛開始時，完全是瞎子摸象，

比嘉祥
D&DEPARTMENT PROJECT OKINAWA by OKINAWA STANDARD 代表。曾在建築設計事務所工作，2000 年起在沖繩經營家具店「Mix Life Style」，也兼任建築師。

沖繩縣宜野灣市新城 2-39-8 2 樓
Tel：+81-98-894-2112

但店面已經決定了，裝潢也在進行中，不可能為了一句我不知道什麼是要做得像D&D就放棄。

佐佐木：根本就是被綁架了嘛（笑）。

高松：我堅持靜岡店一定要看得到富士山，結果把店面設在前不著村後不著店

真喜志奈美
D&DEPARTMENT PROJECT OKINAWA by OKINAWA STANDARD 總監。以東京為據點，投身於家具等設計事業。同時也與比嘉祥一同進行住宅提案計畫「OKINAWA STANDARD」。

的田中央。果然因為沒有多少人知道D&D，等到有客人願意大老遠跑來真的讓我們吃盡苦頭。

玉川：鹿兒島店在跟D&D牽上線之前，本來就是在籌備Maruya Gardens的開幕作業，一直是在全力向前衝的狀態之中。開幕後才著手進行賣場的調整、軌道修正，邊摸索邊建立起彼此的關係。Maruya整體概念也交由長岡先生來主導，也是在協議之中決定要如何突顯鹿兒島的特性。開幕後遇到的一大課題是作為一間「傳遞想法的店」所追求的理想，與作為賣場怎麼樣創造出最大利益，兩者之間如何取得平衡。Maruya Gardens裡有個名為「Garden」的廣場作為交流活動的空間，但是廣場與店面的型態在開店後還經過幾次調整。

如何經營社群

——關於一間「傳遞想法的店」，實際上該如何經營社群，大家應該都有心得吧？

佐佐木：作為D&D的第一家加盟店，要在地方經營社群，對我們來說還真是一大課題。比如一開始，本身就住在北海道的客人對於當地物產根本沒有進一步理解的興趣與動力，說到D&D，令人聯想到的會是中古貨或是「60VISION」的商品，要怎麼跟客人說明我們也在店裡販賣當地物產的用意，實在是煞費苦心。後來是在引進旭川的高橋工藝所製造的木器，請到高橋先生來我們店裡辦新作展，才慢慢地將客人一個接一個帶進來。最近北海道店舉辦了五週年慶祝茶會，附設咖啡區Pippin提供的餐點便是以高橋工藝的器皿盛裝。像這樣以店為中心，與客人實際交流也是開店3、4年之後才有的事。最近開始有人會來購買高橋工藝生產的器皿作為婚禮贈品，還以有當地特產可以送給客人為傲。

高松：靜岡店完全得靠辦活動來創造人潮，所以我們都卯足了勁在努力。總公司也說我們不努力點是不行的，我們去觀摩東京、大阪店的活動時，會站在後方邊看活動的進行，一邊做筆記，然後也把自己企劃的活動向總公司提案……。初期舉行活動結束後，長岡先生他們都會留下來跟我們一起開檢討會，告訴我們這樣做不行、那邊應該怎麼做比較好，被釘得很慘，是到了最近總公司才終於放心不用再派人來盯場。我想最大的原因是工作人員有很大的進步吧！

比嘉：沖繩店在某程度上算是站在各地方的前輩打下的基礎上開始的，我們都會以此為參考。在開店前我去了D&D各店的活動、讀書會見習，對活動內容有了大概認識。目前我們店裡才剛舉行過一次活動，店員對於招攬客人、帶給客人歡樂有很大的熱情，所以我們在這一塊沒有很大的挫折。那時我們辦的活動主題是「推薦美食大會」，請客人帶著食物或飲料前來參加。

佐佐木：像我們家的設計事務所不習慣舉辦茶會，剛開始對於是否要辦茶會感到十分困惑。特別是開幕茶會那次，東京店還把店都關了，所有人跑來支援，後來發現幾乎都是他們在做。看到這些人明明是初次見面，卻很快地接手幫起忙來，才自覺我們是進到一個多麼厲害的團隊之中。一直到很後來我們才有餘裕自己也享受辦茶會的樂趣，但也接著形成了一個不斷吸引人前來加入的環境。

高松：經營D&D社群，讀書會是不可或缺的一環。我對於專業的設計完全不懂，但也因此想到只要去找些簡單點的題目也可以。例如說沼津當地產的啤酒是怎麼生產的、過程中有哪些困難等等，找些在我們的生活中自己感興趣的事情就可以了，一定會有人一樣感興趣，自然就能聚集起來。

佐佐木：確實若要想得很困難，就什麼也動不了。不清楚的事情有很多，我們的讀書會就從中選擇有興趣的題目。另外作為「傳遞想法的店」我們特別著力的地方是部落格的經營。D&D長期賣著同樣的商品，很少有新鮮貨，但還是要想辦法維持客人的黏著度。若只是大聲宣揚永續設計卻什麼也不想，是不可能傳達給客人的。這不論是部落格、讀書會還是店面陳列都一樣，如何找出不同的切入點，需要多下工夫。

玉川：Maruya Gardens設有一個大廣場作為交流使用，我們常在那裡舉辦地方的社群活動或是展覽，所以在引進D&D之前，整棟大樓就已經是朝著有助於人與人之間交流的環境去設計。對我來說，這個空間並不限定在D&D的社群經營上，也是其他店的來客可以利用的空間。當然有些人是因為D&D而前來的，也有人是因為與店員的交流而被吸引。我想D&D這麼一家「傳遞想法的店」，正可作為Maruya Gardens的一個象徵。

在賣些什麼？如何宣傳？

——關於店裡的商品，有沒有特別下工夫的地方？

玉川：我想其他加盟店也是一樣吧，我們店裡有總公司選的，所有D&D共通的基本商品，以及鹿兒島特產兩大類。雖然消費者主要是當地人，但鹿兒島的產品還是賣得很好。一方面是大家已經認定這裡是重新發現鹿兒島優良產品的場所，感覺得到回頭客越來越多，另一方面不僅是自用好，我們也有很多包裝精美的產品可以作為本地特產送人。

真喜志：沖繩店有琉球玻璃、檳榔葉做的檳榔扇、美軍住宅攝影集、明信片、苦瓜啤酒、泡盛及沙士等等特色產品。目前還在努力開發沖繩選品，我們都做得很起勁。常有人會介紹我們優秀的製作者，我雖在東京生活了很久，但比嘉先生一直待在當地，所以他跟那些製作者間有個聯絡網。開店前我們大致知道D&D選品的方向，相信這樣將東京來的基本商品及沖繩才有的特色商品擺在一起，一定能夠構成一家很棒的店。

比嘉：一開始經營D&D，就發現比我只開「Mix Life Style」時多出很多觀光客。最近沖繩有很多觀光客及新移民，在地的商品特別受到他們的喜愛。

真喜志：雖然才剛開店幾個月而已，但是在賣場裡工作對一個設計師來說是一件很新鮮的事，可以學到的東西太多太多。對設計師而言，好設計幾乎就等於不好賣，這觀念已根深柢固，所以當自己選的商品熱賣時，那感覺滿好的，比起設計東西更讓我開心（笑）。此外，沖繩的二手家具很多都是好東西。比嘉先生有家具的相關知識，看到他從回收商手中買回來的家具，就可以看出我們身邊其實有這麼棒的東西存在呢！

高松：經營D&D也帶給我很大的快樂。總公司來的提案都非常大膽，前所未見。不論是全國推薦選品展示會還是二手商品的買賣，都是我自己想不到的。一般學校裡使用的鐵櫃拿到店裡來展示書或是包包，東西就會不可思議地好賣；在資源回收店以五十日圓買的東西，放在老舊的展示櫃裡就成了新商品。收購中古貨也是長岡先生陪著去找，一步一步教給我。

佐佐木：可是，說是沒人做過的事，有時想想是不是因為就算做了也不會賺大錢所以沒人要做吶（笑）。

——身為一間「傳遞想法的店」，常常在做一些不會直接帶來利益的事情，這些事情與賺錢之間的關係，你們是怎麼想的呢？

佐佐木：我因為還有設計事務所作為本業，所以當初並沒有想要靠這家店賺錢，這方面跟長岡先生創立東京店時的情況是很接近的。但是因為我公司的規模也沒有多大，要是這間店失血過多還是會把我拖垮。可以撐到五週年，我真的覺得我們好厲害。可以走得下去的原因之一是札幌某程度上算是個熱鬧的地方，我們店雖位置較偏僻，但占地夠廣，只要專程而來的客人有一定數量，就撐得起來。雖然也因為占地廣使得初期投入很大一筆錢，到上軌道之前非常辛苦。長岡先生說過作為一家「傳遞想法的店」，店面本身是否對消費者具有吸引力是很重要的，但一般經營者是不會這樣認為。做生意通常會覺得地段決定一切，但是D&D卻有與眾不同的想法，這也是它吸引很多人前來的原因。

比嘉：沖繩店還在前段的籌備期，長岡先生就已很明確地告知我們光靠D&D是賺不了什麼錢的，他勸我們要做點別的事來養活自己（笑）。

高松：即使如此我們還想要繼續經營D&D，我自己是因為長岡先生的個人魅力所吸引。以前只知道他寫的部落格時，覺得他一定是個相當奇特而固執的人。實際跟他碰面後，才知道他很好相處，個性溫和又沉穩，他有一種跟人聊上幾句就完全將對方收服的能力。我常說，如果長岡先生開的是拉麵店，我想自己也會不顧一切跟著他一起去開拉麵店。

真喜志：長岡先生原本是平面設計師，卻能夠開間店讓這麼多人跟隨著他做這麼多事。我自己也是設計師，所以知道那有多厲害，讓我十分敬佩。他影響了我，想為自己生長的沖繩盡些棉薄之力。沖繩是個傳統工藝十分興盛的地方，但土產店增加這麼多，卻只是讓原有的工藝實力大幅退步。當然也還是有優秀的工藝作家，但因為沒有專門在賣生活日用品或是道具的店家，我想再這麼下去會很慘。在這個問題意識上我跟D&D的想法是一致，因此想借助長岡先生的力量，開間「傳遞想法的店」。

玉川：Maruya Gardens的立場也跟D&D一致，認為一棟商業大樓的存續需要靠收入沒錯，但這並不是最終的目的。如果只為了要賺錢，就不會在這個時機開設一間類似百貨公司的店了。這個地方的店能夠持續下去，是因為相信在這裡能為地方發展做對的事。長岡先生在創立D&D時把永續設計的普及放在最前面，我們也許在最根本上的目的不同，但是思考的理路是相近的。我們都有相近的使命感，也因此才能受到當地民眾信賴，有他們在背後支持著。當然為了要繼續生存下去，我們會遇到很多困難，有時需要妥協，但我們還是會抱著非超越困境不可的心繼續走下去。

高松：我們店也不是把賺錢擺第一，但還是很嚴肅地在思考這件事。既然要賣永續設計的商品，店家自己不長命的話一切都免談。就算不是賺大錢也能經營得下去，但如果一直賠錢，只有庫存不斷增長的話，店是開不下去的。還有我也想要給在現場工作的員工好的待遇。不管是再怎樣有意義的活動，也不能要他們犧牲自己勉強來做。當然我也沒想過要靠D&D讓自己成為一個有錢人。

佐佐木：做生意卻不想要因此變成有錢人的心態真的是只有「傳遞想法的店」才會有的吧！

高松：身為經營者的想法與單純喜歡D&D的想法在我們心中兼容並蓄。賺不了大錢，又很辛苦，做一些沒有人做過的事，身為經營者會認為這不值得做；另一方面又覺得這是必要的活動，而且做的人開心，來參加的人也會開心，所以值得一做。這兩種想法彼此相左，但我覺得沒有人來做是不行的。

靜岡還沒有自己獨特的設計商品，從事工藝的年輕人也沒有什麼地方可以發表作品。看到這些新世代的工藝作家或是努力要傳承的作家，還是讓人忍不住想要助他們一臂之力。

經營一間「傳遞想法的店」之樂趣

——那麼為了提高收益，具體做了什麼事呢？

佐佐木：D&D會很仔細地分析銷售狀況，並將結果運用在賣場上。這一點突顯了地方與總公司聯結的重要性，總公司會建議我們該如何分析，有時看到靜岡店這項產品賣得不錯，覺得北海道店也許也會賣，而提出類似的建議。促進加盟店之間的聯繫合作也是在開放加盟店的經驗中慢慢累積出來的。

真喜志：我們每十天就會確認銷售狀況，身為D&D店長的義務與責任也就很清楚。要如何完美達成現場可以做到的事及總公司的要求這兩邊，對我們來說還是滿難的，我們還在摸索如何達到平衡，一邊導向銷售。之後我們很希望可以做到讓沖繩店提出的企劃能被總公司接受，以此提升我們的收益。

佐佐木：雖然理想中可以藉由舉辦讀書會或活動來培養社群，與銷售連結，但其實作為一家「傳遞想法的店」，來客數未必就會直接反應在銷量上。我們不可能做到不計成本來舉辦活動，但也做好要賠錢的心理準備。我想所謂「做得像D&D」的意思，應該包括了不會賺大錢、銷售速度無法提升等等。如果想要賺大錢就不像D&D了。

高松：不過我覺得這樣也很好。做一些沒人做過的事，自己變得不一樣，也有人因為你做的事情感到開心，這是只想賣東西無法得到的喜悅。

佐佐木：北海道店常發現人與工作會自然地聯結，產生有趣的事情。最近，我的設計事務所接到高橋工藝委託我們設計視覺、網站與產品包裝的案子。身為設計師的我開了店，店裡賣高橋工藝生產的木製器皿，因為有這層關係，我才能夠為他們設計，這一切都是在接下這個案子進入第二週時，我才覺得自己不是在作夢吶。

其他也有像是當地生產皮革製品的工房，日下公司也是類似的情況。D&D的網站現在也是由我的事務所與總公司的網路部門聯手製作，我們與總公司的關係已經跟當初剛開幕時很不一樣了。

比嘉：我的情況是看見原先看不見的東西，讓我對經營一家店有了更強大的動力。此外，我對於參與開發沖繩物產的企劃非常感興趣，我一直都很積極地想要做些對製作者有益的事，也許一時半刻還沒辦法，但我會堅持下去，終有一天會實現。

真喜志：此外，我們也想要跟飯店業者合作經營社群。在商品面上，也想要增加更多沖繩特產，我想我們一定可以成為一家有很多好東西的店。

——最後，請給今後有志想要開間「傳遞想法的店」的人一些建議。

真喜志：在地方上開間「傳遞想法的店」，我覺得店面小小的，然後只賣嚴選而實在的商品也是一種作法。也就是依當地的人口、熱鬧程度來衡量。就算是要舉辦讀書會這樣較大型的活動，不在店裡，借用其他較大的地方其實也是可行的。

佐佐木：我在經營一家「傳遞想法的店」，最有切身感受的是社會性的重要。要經營一家有品味的店已經不簡單，但經營一間「傳遞想法的店」更難，最重要的是需具有社會性。身為設計師的我們，花了很大的力氣才學會這件事。最近店與設計師兩邊的工作產生了聯結，讓我有種辛苦終於有了回報的感覺。現在回頭看，這種新體驗讓我非常享受。

高松：為了想開間「傳遞想法的店」，我們成為D&D加盟店之一，如果沒有好好利用D&D，這件事是無法成立的。利用它，然後與你想做的事情聯結是很重要的。在靜岡，像D&D這樣的店開始變多了，我想應該可以形成一個好的局面。說到店的大小，我反倒覺得店面大一點比較好。一間「傳遞想法的店」要吸引人前來，還是得要有令人喜愛、有魅力的空間。一家店是否會虧錢，跟店的規模關係並不是那樣地絕對，有時小歸小，不賺錢時就是不賺錢。

玉川：創造一個吸引人的場所，自己也能享受那過程，覺得很開心，我認為這是最重要的。要開始做些什麼的時候不也是這樣的感覺嗎？

高松：我是在對設計一無所知的情況下起步，在選品上比較少是自己思考，而是從做中學較多。經營一間「傳遞想法的店」的過程中，自己像是開了眼般看見過去從不認識的世界，我確切地感受到自己較世間更早往前跨了一步，身邊看不到有這樣的店，我想要保有這種領先一步的感覺，也因此要繼續努力，這一點讓我很開心。

比嘉：是啊，我們心懷著問題意識去學習探索並想辦法解決的意念變得越來越強烈，與我們一起工作的夥伴也是一樣。在這過程中，我們碰到過去不可能有機會認識的人，有些是透過D&D的橫向聯結，大部分則是在活動上新認識的，都讓我感謝D&D帶來的緣分。與單純開一間店不一樣，自己站在傳達理念的立場上舉辦活動，自然而然地就能認識很多人事物。

經驗談3

D&DEPARTMENT PROJECT延伸而出的「d之友」實施中

trattoria blackbird（茨城）
小布施町立圖書館machi tosho terrasow（長野縣）
山形學習館・MONO SCHOOL（山形）

【談】
沼田健一
（trattoria blackbird 店長兼主廚）

2011年開始，D&D開始了一項名為「d之友」的新體制。「d之友」雖然不是加盟店，但只要是與D&D總公司有密切的合作關係，也舉辦一些跟「傳遞想法的店」相近的活動，就可以被認定為「d之友」。現在被認定的店或機構有三間，除了會得到D&D總公司的認證書，還會設立專區放置D&D相關的書籍，在經營社群或是提升地方文化上的熱情與努力，不輸給D&D。

我在D&D東京店的餐飲部工作約四年，回到故鄉附近的茨城水戶開了自己的餐廳「trattoria blackbird」。我會進D&D，是因為有次朋友帶我去D&D，我很喜歡，之後上了長岡先生的部落格，對他的想法與生命觀很有共鳴。後來會辭掉

D&D的工作，是因為剛好第一間加盟店北海道店剛開幕，擔任行銷與總監的松添光子小姐他們半開玩笑地跟我說「你如果要辭職回老家去，就順便開一間D茨城好了」。

2008年我開了這間blackbird，在週年慶時，邀請長岡先生來舉行講座。本來是打算在店裡舉行，結果來的人超乎預期，盛況空前到我們得去附近的專校借一間教室來使用。長岡先生之後也跟我說，與其重新籌備一間新店，不如就以現在的餐廳一起做活動。確實以我們這樣一家剛起步的餐廳要經營D&D是有困難的，但也是可以維持一個較寬鬆的合作關係，於是有了「d之友」這樣的體制形成，我們就成了第一家被認證的店。

雖然只是小規模地在做，但blackbird自開幕以來便一直支持著D&D的活動。比方說，店裡一直展售設計旅遊誌《*d design travel*》，每當有新一號上市時，我們就會在店裡貼上大量的海報宣傳，每號都有近兩百冊左右的銷量；我在自己的部落格上也會貼出D&D的展覽資訊、還

trattoria blackbird
由曾經在 D&DEPARTMENT DINING TOKYO 擔任主廚的沼田健一於 2008 年獨立開設的餐廳。使用當地現採現撈的蔬菜魚貝為食材製作的義大利菜、專業咖啡師沖煮的咖啡廣受好評。店名取自披頭四的歌曲。

茨城縣水戶市南町 3-5-3
Tel：+81-29-224-5895

http://blackbird-mito.com/

有參加課程的心得等等，自然地就會跟客人聊到這些事情。成為「d之友」後，店裡再多挪出一部分的空間陳設設計相關的書及在地的免費刊物。

在水戶這種規模的地方城市，會來到blackbird的客人通常是有比一般人更高的文化敏感度，對這些活動資訊很有感覺。地方上能有的資訊量遠不及東京，若是店家能積極提供，他們也會有所反應。再加上我在設計旅遊誌《*d design travel*》的47都道府縣專欄中負責撰寫茨城部分的內容，有很多讀了這個專欄的客人來到水戶也會順道來我們店裡。對D&D有興趣的人，通常也是好奇心旺盛、行動力強的人。

不諱言，我們致力開拓與社會的聯結、重視與當地的交流也是為了讓我們這家店可以持續下去。對於一家個人經營的餐廳來說，今後不管景氣好壞，要生存只會越來越加艱難，另一方面，享受美食這樣的行為並不會單獨存在，而得要與電影、音樂等等可以滿足精神需求、讓人心動的事物聯結。在都市以外的地方，可以接觸文化的機會越來越少了，維持一定水準以上可以接觸好東西的機會，讓地方文化越臻成熟，最後的成果還是會回到我們店裡來的。

例如，以前在水戶市內有幾家迷你戲院，現在卻全數消失了。於是我們自己去借影片，準備場地，賣票，一年舉辦四次「cinema blackbird」放映會。有次還跟附近的水戶藝術館電影節合作舉辦活動。可以像這樣定期舉辦活動，也是請長岡先生來演講時得到的靈感。

從開幕至今已過了整整四年了，在blackbird拓展的人際關係越來越廣。我在水戶是從零開始，能有這樣的成績，自己也很驚訝。但是重視社群經營的同時，我也不忘要追求料理的品質。這間店能夠具有社交機能是件好事，但如果東西不好吃，就不會吸引到真正有趣的人。那就跟官方舉辦的活動，雖然使盡力氣把人招來了，但是沒有讓參加者開心的內容，人潮很快就會散失一樣。我想繼續鑽研餐飲，成為讓人想特地從東京前來用餐的一間店，並且以此為基礎，創造出一個更美好的場域。

【談】

花井 裕一郎

（小布施町立圖書館

machi tosho terrasow前館長）

萩原 尚季

（山形學習館．MONO SCHOOL營運、

設計事務所Colon代表人）

與D&DEPARTMENT的邂逅

花井裕一郎：我是長野縣小布施町立圖書館館長。原本是在東京做影像製作，四十多歲時來到小布施深受吸引，因此決定將此地做為我人生據點。小布施非常有魅力，讓人來了就不想離開，也是個觀光客很多的地方。不過來的人多是高齡層，土產或飯店的單價也偏高，所以對年輕一代來說，並不是那麼具有吸引力。小布施町立圖書館綜合了學習、交流、資訊發送等功能，是希望包含年輕人在內，各個年齡層的人來到這裡都能開心的地方。這裡雖是圖書館，卻不只是用來借書，還是個可以讓人聚在一起的場所。2010年設計旅遊誌《*d design travel*》要出版長野號

時，長岡先生來到此地，我有機會與他對話，開啟了後來成為「d之友」的契機。

萩原尚季：我是2001年在山形開設了平面設計事務所Colon，當初的目標是想創造一個地方把書店、咖啡館或餐廳，設計商店與辦公室都納進去的場所。而機會就出現在2004年，我大學時代的朋友介紹山形鑄物的設計案給我。山形鑄物的鐵壺在1970年代生意最好時，一個月最多可以賣出200～300件，但最近一個月要能賣出2、3件就已經算好的了。他們希望可以由我們來設計新的鐵壺。我們調查後發現，若只是換個顏色或造型，是無法讓鐵壺的銷售起死回生的。缺乏岩手的南部鐵器那樣的品牌力，也沒有流通的銷售體系，要讓山形鑄物賣得動，首先應該是要讓更多人認識它的價值。就是這個時候我認識了長岡先生，受到他的影響想在山形縣開間D&D，推廣永續設計的概念。現在我還是經營著我的本業，同時將因為人口老化而廢校的山形市內小學校舍再利用，設立了山形學習館・MONO SCHOOL。

花井：我會知道長岡先生，是因為2008年去看了在銀座松屋舉辦的「日本設計物產展」。這個展覽是將全國物產從設計的角度選品、展示的企劃，這切入點非常有趣，過去從來沒有人這樣，從好設計的角度來看待地方產物的魅力。各地方為了找出代表當地特色的產品，就一定得要深入挖掘，包含這過程在內的整個想法都太棒了。

萩原：我第一次跟長岡先生提出我想開D&D的想法就被他以「萩原先生你的Colon已經夠讓你辛苦了」的理由而拒絕了。當時我對於長岡先生所謂永續設計的標準並不那麼清楚，後來我熟讀了長岡先生的著作，想法才慢慢有了轉變。以前我只是因應客人的需要而設計，但現在我會想到既然身在山形，就該為山形做些事，於是後來才會開始山形學習館的活動。

——為何會選擇廢校的小學校舍呢？

萩原：在現在這個地方舉辦活動之前，我曾一邊在山形鑄物公會提供的老房子裡辦些展覽或課程，一邊尋找著可能可以做為D&D山形店的房子。大約有兩年的時間裡，我每天都四處探尋合適的地點，長岡先生看到我這麼努力，也跟著我一起去找。有一天，縣政府貼出公告，希望公開招募為這間已被當成本縣近代化產業遺跡來保存，建於昭和2年（1927）的山形市立第一小學找到活用校舍的方法。條件是需成為物產支援的據點、學習場所以及地方居民的交流據點這三項。這個場地比我想過的都大上許多，但它太吸引人，且與我想做的事情又那麼合，所以我就去投標也通過了，於是就有這間山形學習館的成立。館內有觀光資訊室、咖啡廳、物產介紹室、活動空間、文化財展示室等等，為了讓各年齡層的人聚集於此，我們刻意不突顯設計的概念。

很多人對「設計」有介心

花井：我懂我懂，鄉下地方很多人是對設計這個字過敏，如何設計最好不要拿出來說，我也思考過如何可以讓更多人不要抵抗、更容易接受永續的概念，例如像小布施這樣的地方的農業就是永續的、圖書館也是在提供一種永續服務等等。

萩原：沒錯，對一般民眾不要講設計，只要讓他們感覺到「這個空間真不錯」就夠了，然後再慢慢讓這感覺跟理解設計產生關聯。在山形學習館的咖啡廳裡用的是天童木工的椅子，但是上面不會寫設計師或

花井 裕一郎
製片、小布施町立圖書館 machi tosho terrasow 前館長（2012 年 11 月退職）。
擔任電視等紀錄片導演。2000 年移居長野縣小布施町，積極參與當地的地方發展活動。
小布施町立圖書館 machi tosho terrasow 於 2009 年開館，2011 年被選為日本年度最佳圖書館。

長野縣上高井郡小布施町小布施 1491-2
tel：+81-26-247-2747
http://machitoshoterrasow.com

萩原 尚季
設計事務所 Colon 代表人。
一邊經營 Colon，一邊接受委託經營山形學習館．MONO SCHOOL（2010 年 4 月~2013 年 3 月）。Colon 以山形市為據點，承接平面設計等案子；山形學習館 MONO SCHOOL 於 2010 年開幕，以支援製造業為中心，時常舉辦活動介紹山形當地的傳統工藝等產業。2012 年山形學習館的活動獲得 GOOD DESIGN 獎 BEST 100 的肯定。

山形縣山形市本町 1-5-19
tel：+81- 23-623-2285
http://y-manabikan.com/

廠商的名字。然後在咖啡廳隔壁的物產室賣著這張椅子，那裡會提供詳細的資訊，如果看到有興趣的人，我們的工作人員也會跟對方很輕鬆地聊聊。在那裡的工作人員也是Colon的設計師。有機會這樣跟客人面對面接觸，我想對於一名設計師來說，一定對他的技術提升有所幫助。

——花井先生以前做過影像製作的工作，您覺得這樣的經驗對經營社群是有用的嗎？

花井：幫助非常大。我到30歲之前主要是在當紀錄片的製片，一直想做些讓人覺得很酷、很厲害的事，當時對於社群經營也完全沒有興趣。但是來到小布施這個地方，接觸到一群在為地方做事的人，我覺得那就是我想要的。之後我把自己定位是在圖書館演戲，主角是來到圖書館的當地人，自己是在幕後操作，然後讓這些偶然進來的人覺得自己找到一本很棒的書，那感覺一定很好。此外，這裡也是人與人交流、教育小朋友及學習的地方。不管我們做了什麼，都能獲得很直接的反應，在這樣嘗過與人往來之中，彼此能量交流的醍醐味之後，讓我深深著迷、無法自拔。先前我會認為自己沒有做過跟設計有關的工作，根本不該去碰D&D，但是與長岡先生來往之間，發現我們做的事情有很大一部分是相似的。我覺得特別值得向長岡先生學習的地方是他對事情的切入點，或者該說是有很強的編輯力。像他在澀谷Hikarie的「d47 MUSEUM」、「d47食堂」等等的點子都讓人覺得真的很棒吶！所以我也將這樣的編輯力應用在圖書館的圖書分類上，只是小小改變作法，就變得很有趣呢！

D&D與「d之友」沒有高下之分

萩原：說到編輯力，長岡先生真的一直走在很前面，是個令人敬佩的前輩，我就像是借用他的眼鏡來看這個世界一樣，也因此得以發現新的議題，自己在做的時候可以參考他的經驗，做得更好，並且讓更多人一起參與其中。

花井：但是萩原先生你要經營了那麼大規模的場所，真的很厲害耶。

萩原：讀了長岡先生的書，才知道他最初是從自家住宅開始第一步，總是先求有再求好，也許一旁的人會覺得這樣未免也太亂來了吧，自己也覺得或許不會成功，但結果還是做到了，那讓我覺得長岡先生辦到了，自己或多或少也可能做得到吧。面對覺得有趣但又有困難的事情，應該做了就對吧！縣政府的思考方式總是比較嚴謹，有些地方確實是不容易，但最後可能覺得突然跑來一個傻瓜設計師說要做也不錯吧！因為我們是間小公司，可以接下這樣公家機關的案子對我們的信用有加分作用，也因此多了很多機會去接觸原本不會碰到的人。

——如果有一天正式加入D&D體系裡，會想做什麼事呢？

萩原：我跟長岡先生說我想在山形開間D&D已是六年前的事，現在D&D各地加盟店已經陸續出現，我們可能會是47都道府縣中最後一家吧（笑）。使用這個建物的條件上，雖然沒有規定不能賣東西，卻不能以營利為目的，所以在這裡是不能掛D&D的名字。現在我們已開始販售有好設計的二手商品，有使用當地農產蔬菜的咖啡廳，也不時舉辦市集或活動。我想，在山形成立以推廣永續設計為宗旨的店之前，得先讓更多人知道這件事的重要性，雖然現在還走得很慢，但是讓這樣的概念先被廣泛接受，再找合適的地方也不遲。

花井：我也覺得D&D跟「d之友」其實沒有什麼高下之分。我們現在也有很好的合作關係，想到什麼點子便會直接寫信給彼此，我的目的不是當加盟店長，而是成為一個更好的合作夥伴。確實也想過要在小布施開D&D長野店，但那也只是階段之一。長野跟山形的情況是一樣的，並非像東京店那樣把商品陳設出來就可以賣了。有不少人覺得D&D的概念很有趣，該如何以此為基礎經營社群，讓大家都能享受在此地的生活，是我們重要的目標。

萩原：鐵壺能不能由山形學習館帶頭開始熱賣，我們現在還沒有實際感受。不過因為是在縣政府轄管之下做這些事，可以感覺到大家對這個地方的看法有些不一樣了。可以成為「d之友」也被認為是一種改變。所以我們還會繼續努力。

花井：有很多年輕人為了學習地方發展而

來到小布施。有時問他們會待到什麼時候，通常是隔天就走，我覺得那只是來走馬看花，不管學了再多的社群經營理論，也做不出什麼。像萩原先生在山形那樣一個地方認真耕耘，不要覺得自己做的事情是沒用的，在做之中找方向是很重要的，我覺得那才是最快找到方向的方法。

——要持續經營社群，一起工作的夥伴也很重要，關於這點，可以請兩位談談嗎？

萩原：Colon雖是間設計事務所，但所有員工從上午到傍晚都要去山形學習館支援，傍晚以後才回來做設計的工作。是長岡先生讓大家願意這麼做，他帶著我們直接去見經營北海道店的3KG。3KG是很令業界憧憬的前輩，原本持反對意見的社員一起到札幌去了之後，跟3KG的代表人佐佐木信先生一塊喝酒暢談到半夜，也因為這樣的機會，終於讓他能夠理解，為了能夠跟更多、更棒的人相遇，我們得先從自己的殼中走出來。

花井：我想圖書館的工作人員之中，有無法理解我的想法的人，但另一方面，也有人為了可以來這裡工作，從很遠的地方搬來小布施。像這樣從一個人到兩個人，兩個人到三個人……，越來越多人能夠理解、認同，那麼事情就會變得容易動起來。有人離開，只能祝福他，但如果這裡成為一個能開心工作的地方，一定可以吸引人靠過來，一群夥伴有了革命情感之後，就會越來越難分開。

後記

在我開始D&DEPARTMENT PROJECT的第十年左右，我才終於想到要參考「民藝」的作法。雖然以前就知道，但民藝那種老舊沉重感對喜歡產品設計的我而言，情感上是抗拒的，總覺得那是完全無關的另一個世界。

後來有人跟我說：「你做的事情就像是現代版的民藝運動」，那天晚上我才第一次去查民藝運動之父柳宗悅的相關資訊。很巧地，我們做過的一本小冊子《*d long life design*》（即後來的雜誌《*d design travel*》），當年的柳宗悅也做了《工藝》、《民藝》小冊子；以「d47 Project」為名，在日本47個地方設立D&DEPARTMENT PROJECT，也跟一群認同民藝運動的人在日本各地設立「民藝館」的作法類似。說類似，我覺得對民藝運動或相關人士有點不好意思，但我們認為「只以東京為中心的設計並不是設計的正確答案」，這樣的想法也跟民藝運動的概念很像。我在邁入40大關的那年，第一次踏進位於駒場的日本民藝館，至今還清楚記得當時所受到的衝擊。

柳宗悅、柳宗理想做什麼呢？透過日本民藝館，我開始思考這個問題，並且在我正於日本各地執行D&DEPARTMENT PROJECT這項計畫的中途決定了我的最終目標：希望各加盟店最後能獨立。換句話說就是不要依賴我或是D&DEPARTMENT PROJECT的東京總公司，可以將自己所在地的特色發揮到極致，為保持各地特色盡一分力，還有能夠有不輸給大城市的資訊發送力。現在，形式上以開放加盟方式展店，但我想最終若能自立，那各店就可以不用加盟，也就不用多一筆給總公司權利金的開銷了，這是民藝館及民藝運動帶給我的啟發。

各店要持續下去，不能靠外來的補助金，唯一的辦法就是做到自立。要在自己的土地上實現自立，就得要在思考當地發展的前提下挖掘真正的需求所在，並且達到一定的銷售量。保持各地特色與現代消費者的欲求兩項必須同時兼顧，我想只有具有高度文化意識的「賣場」得以實現。

現今日本的生活用品賣場實在是令人慘不忍睹，很多都只是冠上「生活風格商店」之名，賣著根本稱不上生活用品、一點價值都沒有的雜貨。我們怎能把日本的將來託負給這種只追求便宜的時尚小店或連鎖雜貨小店？不，應該說我們不想將日本的未來託負在他們身上。我們應該要從賣場做起，讓大家可以在此討論日本的將來，這也是今後開店者所須確實面對、因應的要求。

我們今後仍會繼續努力尋找氣味相投的夥伴，藉由開店的方式挖掘出日本的個性，並加以整理、分享。雖然我們離理想的場域還有很長的一段路，也還不那麼讓人可以安心依賴，但還是希望大家可以看著我們努力往好的方向邁進，讓我們成為一間可以與消費者一起向不認真製造產品的廠商提出抗議，一同為生產好東西的廠商拍手的店家。

長岡賢明

在日本購物，請到 D&DEPARTMENT PROJECT。

d
design travel

2010

2 「NIPPON VISION 3 DESIGN TRAVEL」開展
（松屋銀座 Design Gallery 1953 等參加）

4 加盟店「D&DEPARTMENT PROJECT KAGOSHIMA by MARUYA」開幕
設計旅遊誌《*d design travel* 鹿兒島》出版

7 「NIPPON VISION TOCHIGI」開展（Gallery 一冊）

8 設計旅遊誌《*d design travel* 大阪》出版

11 設計旅遊誌《*d design travel* 長野》出版

12 「NIPPON VISION in KOREA」開展
（Seoul Graft Trend Fair 2010）

2011

2 設計旅遊誌《*d design travel* 靜岡》出版

4 「NIPPON VISION 4 accessories」開展
（伊勢丹新宿等參加）
同名書籍出版（美術出版社）

9 設計旅遊誌《*d design travel* 栃木》出版

2012

1 設計旅遊誌《*d design travel* 山梨》出版

4 東京澀谷 Hikarie「d47 MUSEUM」、「d47 design travel store」、「d47 食堂」開幕

6 「NIPPON 47 BREWERY-Brewery-47 都道府縣特產啤酒展」開展（d47 MUSEUM 等參加
2010

7 加盟店「D&DEPARTMENT PROJECT OKINAWA STANDARD」開幕

9 設計旅遊誌《*d design travel* 東京》出版

2013

2 設計旅遊誌《*d design travel* 山口》出版

3 《D&DEPARTMENT 開店術》出版
（美術出版社）

6 設計旅遊誌《*d design travel* 沖繩》出版

10 設計旅遊誌《*d design travel* 富山》出版

11 首家海外加盟店「D&DEPARTMENT PROJECT SEOUL by MILLIMETER MILLIGRAM」於韓國首爾開幕
位於福岡祇園的直營 3 店「D&DEPARTMENT PROJECT FUKUOKA」開幕

2014

2 設計旅遊誌《*d design travel* 佐賀》出版

D&DEPARTMENT PROJECT 主要活動

1999

7 網路商店開張，販售 7 件二手商品

2000

4 於東京三田自宅兼週末開放預約制商店「D&MA 沙龍」，暱稱「三田 d」開幕

8 於東京惠比壽附近找到店面，但在簽約前於世田谷發現現在東京店所在的物件

11 於東京世田谷的「D&DEPARTMENT PROJECT」（現在的 D&DEPARTMENT PROJECT TOKYO）開幕

2001

6 「D&DEPARTMENT PROJECT」 2 樓對外開放

2002

9 位於大阪南崛江的直營 2 店「D&DEPARTMENT PROJECT OSAKA」開幕

9 「60VISION」計畫成立新品牌 Karimoku60

12 活動紀錄集結《*Only honest design can be recyclable.*》出版（X-Knowledge 出版）

2003

10 「60VISION」企劃獲頒 Good Design 評審委員長特別獎

2005

9 「60VISION」於東京國際禮品展聯合展出

12 活動紀錄集結《*LONG LIFE STYLE 01*》出版（平凡社）

2006

10 「60VISION」於 100% design Tokyo 參加聯合展出

2007

11 第一間加盟店「D&DEPARTMENT PROJECT HOKKAIDO by 3KG」開幕

12 《*D&DEPARTMENT PROJECT DINING BOOK*》出版（主婦之友社）

2008

2 「NIPPON VISION EXHIBITION 東京」開展（D&DEPARTMENT PROJECT TOKYO 等參加）

7 《60VISION「企業回到原點繼續賣下去」計畫》出版（美術出版社）

8 《*IDEA*》雜誌刊載 報導活動紀錄〈D&DEPARTMENT PROJECT 2005-2008〉

9 「日本設計物產展」開展（松屋銀座）同名書籍出版（美術出版社）

11 加盟店「D&DEPARTMENT PROJECT SHIZUOKA by TAITA」開幕

2009

5 「NIPPON VISION 2 GIFT」開展（D&DEPARTMENT PROJECT TOKYO 等參加）

11 設計旅遊誌《*d design travel* 北海道》出版

長岡賢明

活動家、D&DEPARTMENT 總監、京都造形大學教授、武藏野美術大學客座教授。1965年生於北海道。曾任職於日本設計中心設計研究室（現改為設計研究所），1997 年設立設計公司「DRAWING AND MANUAL」，2000年將歷來在設計界所學集大成，融合設計與再利用的概念，於東京世田谷開設新型態的消費場域：D&DEPARTMENT PROJECT。現在除了東京、大阪、福岡的直營店外，還在北海道、靜岡、鹿兒島、沖繩、山梨、首爾等九地開設加盟店，京都店亦已在開幕準備中。2009 年 11 月起，提倡從設計的觀點切入日本各地的設計旅行誌《*d design travel*》系列。2012 年更在澀谷 Hikarie 大樓裡，開設以日本 47 都道府縣為主題的設計美術館「d47 MUSEUM」、「d47 design travel store」、「d47 食堂」等，同時擔任該館館長。曾獲 2003 年度 Good Design 川崎和男評審委員長特別獎、2013 年每日設計獎。

國家圖書館出版品預行編目資料

D&DEPARTMENT 開店術：開間傳遞想法的二手商店 / 長岡賢明 作；郭台晏、王淑儀譯
– 初版 . -- 臺北市：大鴻藝術 , 2014.04
220 面 ; 15×21 公分 --（藝知識 ; 8）
譯自：D&DEPARTMENT に学んだ、人が集まる「伝える店」のつくり方
ISBN 978-986-90240-3-7（平裝）
1. 商店管理 2. 商店設計

498　　　103004040

藝知識 008

D&DEPARTMENT 開店術｜開間傳遞想法的二手商店

D&DEPARTMENT に学んだ、人が集まる「伝える店」のつくり方

作　　者｜長岡賢明
譯　　者｜郭台晏、王淑儀
責任編輯｜王淑儀
校　　對｜賴譽夫
設計排版｜一瞬 蔡南昇、吳之正

主　　編｜賴譽夫
副 主 編｜王淑儀
行銷公關｜羅家芳
發 行 人｜江明玉
出版、發行｜大鴻藝術股份有限公司｜大藝出版事業部
台北市 103 大同區鄭州路 87 號 11 樓之 2
電話：(02) 2559-0510 傳真：(02) 2559-0502
E-mail：service@abigart.com
總 經 銷｜高寶書版集團
台北市 114 內湖區洲子街 88 號 3F
電話：(02) 2799-2788 傳真：(02) 2799-0909
印　　刷｜韋懋實業有限公司
新北市 235 中和區立德街 11 號 4 樓
電話：(02) 2225-1132

2014 年 4 月初版　　Printed in Taiwan
2016 年 3 月初版 2 刷
定價 340 元　　ISBN 978-986-90240-3-7

Original Japanese title: "D&DEPARTMENT ni mananda hito ga atsumaru 'Tsutaeru Mise' no tsukuri kata" March, 2013